プライマリー薬学シリーズ 4

薬学の基礎としての
生　物　学

日本薬学会編

東京化学同人

まえがき

　日本の薬剤師養成を主たる目標とする薬学教育は，2006年から6年制教育へと変わりました．この6年制薬学教育の根幹となっているのが，"薬学教育モデル・コアカリキュラム"です．この"薬学教育モデル・コアカリキュラム"に沿ってつくられた教科書である"日本薬学会編　スタンダード薬学シリーズ"を参考にして，多くの大学で教育が行われてきました．しかし，この"スタンダード薬学シリーズ"は薬学専門教育に対応するものであり，1,2年生からすぐに利用するには難しいと思われます．その前に1,2年生を対象に"薬学準備教育"として，基礎的な知識を学ぶための教科書が必要です．

　"薬学教育モデル・コアカリキュラム"の後ろには，"薬学準備教育ガイドライン（例示）"というのが記されています．これは，(1) 人と文化，(2) 薬学英語入門，(3) 薬学の基礎としての物理，(4) 薬学の基礎としての化学，(5) 薬学の基礎としての生物，(6) 薬学の基礎としての数学・統計，(7) IT，(8) プレゼンテーションの8項目から構成されています．これから薬学を学ぶ学生は，このようなこともしっかりと身につけておいて欲しいというものです．日本薬学会では，この"薬学準備教育ガイドライン"を参考に，新たな教科書として，"プライマリー薬学シリーズ"をつくることに致しました．

　本書"プライマリー薬学シリーズ　4. 薬学の基礎としての生物学"は，"スタンダード薬学シリーズ 第4巻 生物系薬学 第Ⅰ，Ⅱ分冊"へとつながる生物学・生化学の基礎を身につけるための教科書です．これまでの教科書のように，読んで理解するものではなく，高校で習った生物の知識をもとに，基本的な問題を解きながら，基礎を理解する構成になっています．各項目の"キーワード"に関する"基本問題"を解き，その解説を読むことによって，その概要と特徴を理解することができます．そして，各項目の最後にある"発展問題"を解くことによって，自分の到達度を知ることができます．

　このように本書は，教科書としてはもちろん，副読本として，また学生自身が自習のための演習集としても使うことができるようにつくられています．ぜひ，本書を有効に使って，生物学・生化学の基礎知識を身につけて下さい．

　　　2011年2月

笹　津　備　規

青　木　　　隆

小　宮　山　忠　純

第4巻　薬学の基礎としての生物学

編 集 委 員

青　木　　　隆	北海道医療大学薬学部 教授，薬学博士	
小 宮 山 忠 純	新潟薬科大学 名誉教授，薬学博士	
笹　津　備　規[*]	東京薬科大学 学長，薬学博士	

* 責任者

執 筆 者

青　木　　　隆	北海道医療大学薬学部 教授，薬学博士	［第Ⅱ部］
尾　﨑　昌　宣	新潟薬科大学 名誉教授，農学博士	［第Ⅳ部］
小 宮 山 忠 純	新潟薬科大学 名誉教授，薬学博士	［第Ⅲ部］
渡　邉　隆　史	前青森大学薬学部 教授，薬学博士	［第Ⅰ部］

目　　次

第4巻　薬学の基礎としての生物学

第Ⅰ部　生体の基本的な構造と機能
- 第1章　細　胞 ……………………………………………………… 2
- 第2章　細胞小器官 ………………………………………………… 6
- 第3章　生体物質（糖，脂質，タンパク質，核酸）……………… 12
- 第Ⅰ部の発展問題 …………………………………………………… 22

第Ⅱ部　代謝とエネルギー
- 第4章　エネルギーと酵素反応 …………………………………… 26
- 第5章　代謝の概要 ………………………………………………… 30
- 第6章　解　糖 ……………………………………………………… 34
- 第7章　クエン酸回路と電子伝達系 ……………………………… 37
- 第8章　血糖値の調節 ……………………………………………… 41
- 第9章　脂質代謝 …………………………………………………… 46
- 第10章　アミノ酸代謝 ……………………………………………… 50
- 第Ⅱ部の発展問題 …………………………………………………… 54

第Ⅲ部　遺伝子と生命
- 第11章　細胞分裂と遺伝 …………………………………………… 60
- 第12章　遺伝情報を担うDNA ……………………………………… 64
- 第13章　RNAの種類と働き ………………………………………… 68
- 第14章　遺伝子と遺伝情報の流れ ………………………………… 72
- 第15章　遺伝子の転写反応 ………………………………………… 76
- 第16章　遺伝子の翻訳（タンパク質合成）……………………… 80
- 第17章　DNAの複製 ………………………………………………… 84
- 第Ⅲ部の発展問題 …………………………………………………… 88

第Ⅳ部　ヒトの体の構造・機能
- 第18章　組織と器官 ………………………………………………… 96
- 第19章　血液循環と消化 …………………………………………… 101
- 第20章　呼吸と排泄 ………………………………………………… 106

第 21 章　神経・内分泌系 ……………………………… 109
第 22 章　皮膚と感覚 …………………………………… 115
　第Ⅳ部の発展問題 ……………………………………… 119

発展問題の解答 ………………………………………… 123
索　引 …………………………………………………… 129

RANK up

細胞発見の歴史 ………………………… 4
細胞内外の電解質組成と
　　　　　　能動輸送 ………… 5
タンパク質にみられるアミノ酸 ……… 18
ATP のもつエネルギー ………………… 27
酸化還元酵素 …………………………… 29
アセチル CoA とケトン体 ……………… 33
解糖と糖新生 …………………………… 36
クエン酸回路 …………………………… 39
グリコーゲンの役割と調節 …………… 44
脂肪酸 β 酸化の各反応 ………………… 49
グルタミン酸とアミノ酸代謝 ………… 53
細胞周期 ………………………………… 63
微量の DNA を増やす方法 …………… 66

DNA の塩基配列決定法：
　　　　　　ジデオキシ法 ……… 67
低分子 RNA の働き ……………………… 71
プロモーター，オペレーター，
　　　　　　エンハンサー ……… 74
ラクトースオペロン …………………… 79
原核生物におけるタンパク質合成 …… 82
テロメアの伸長 ………………………… 87
遺伝子工学の医療分野への応用 ……… 87
器官を納める体の部屋（腔）………… 97
シナプス ……………………………… 100
肺のガス交換 ………………………… 107
大脳辺縁系 …………………………… 111
眼球の機能 …………………………… 116

第Ⅰ部　生体の基本的な構造と機能

第1章 細　　胞

Key Words　　□細胞　　□組織　　□器官（臓器）　　□系　　□細胞構造体

基本問題1・1　体の構成要素

体の構成要素の階層性について以下の図の空欄に最も適する語句を選択肢欄から選べ．

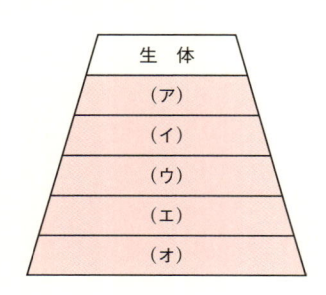

生体
（ア）
（イ）
（ウ）
（エ）
（オ）

選択肢欄
器官（臓器），組織，細胞，物質（分子），器官系

タンパク質　protein
脂　質　lipid
糖　質　sugar
金　属　metal
細　胞　cell
組　織　tissue
器　官　organ
系　system

ここが重要

生体（生物）は原子，分子の集合体であり，これらの物質が調和よく配列して機能を営んでいる．"命が芽生える"にはこの物質が特定の規則性によって集合体を形成する必要がある．命をもたない分子である，**タンパク質**，**脂質**，**糖質**，**金属**などが適切に組合わされると，**細胞**（cell）という生命の機能的最小単位になる．ヒトは約60兆個の細胞から成る．

組　織：同じような機能と構造を備えた細胞の集団
器官（臓器）：異なる組織が組合わさった集合体
系：特定の目的のための器官の集合体

解　答　（ア）器官系　（イ）器官（臓器）　（ウ）組織　（エ）細胞　（オ）物質（分子）

基本問題1・2　細胞の構造

表中に示した細胞構造体の有無を○×で示せ．

	核　膜	細胞膜	細胞壁	葉緑体	ミトコンドリア	中心体
動物細胞						
植物細胞						
原核細胞						

ここが重要

原核細胞は，核膜で囲まれた核や多くの細胞小器官をもたない．細菌は原核細胞から成る原核生物である．植物の細胞や動物の細胞は真核細胞である．中心体はおもに動物細胞に存在し，細胞分裂や移動に関与する．なお植物細胞でもコケ

類やシダ類では中心体をもつ.

原核細胞：核膜をもたない細胞
真核細胞：核膜をもつ細胞
細胞質：細胞の核以外の部分
細胞小器官（オルガネラ）：**核をはじめとする細胞内にある種々の構造体のこと**（核，葉緑体，ミトコンドリアなど）
酵 素：生体の中で，化学反応を促進させる触媒の働きをもつタンパク質のこと

典型的な動物細胞の構造を表1・1および図1・1に示す.

原核細胞　prokaryotic cell
真核細胞　eukaryotic cell
細胞質　cytoplasm
細胞小器官 (organella)：細胞内小器官ともいう.
核　nucleolus
葉緑体　cloroplast
ミトコンドリア　mitochondrion (*pl.* mitochondria)
酵 素　enzyme

表1・1 動物細胞の構造

名　称	おもな働き
核 (nucleus)	内部に核小体や，染色体 (DNA にヒストンが結合) を含む．細胞の司令塔にあたる．
核小体 (nucleolus)	おもに RNA から成る．
核　膜 (nuclear envelope)	核を取囲む膜で，二重になっている．核膜孔という穴があり，細胞質に通じている．
粗面小胞体 (rough endoplasmic reticulum, rER)	小胞体にリボソームが結合したもので，タンパク質合成の場である．
ゴルジ体 (Golgi body)	合成されたタンパク質を濃縮したり修飾し，膜で包んで細胞膜に送る．
分泌顆粒 (secretory granule)	ゴルジ体で濃縮・修飾されたタンパク質が詰込まれ，細胞膜に運ばれる．
中心体 (centrosome)	細胞分裂の制御．
滑面小胞体 (smooth endoplasmic reticulum, sER)	リボソームの結合していない小胞体で，脂質や薬物の代謝にかかわる．
リソソーム (lysosome)	細胞の清掃工場．さまざまな加水分解酵素を含む．
ミトコンドリア (mitochondrion)	酸素を使った呼吸の場であり，ATP を生成する（エネルギー工場）．
細胞膜 (cell membrane)	細胞内外の物質の出入りを調節．

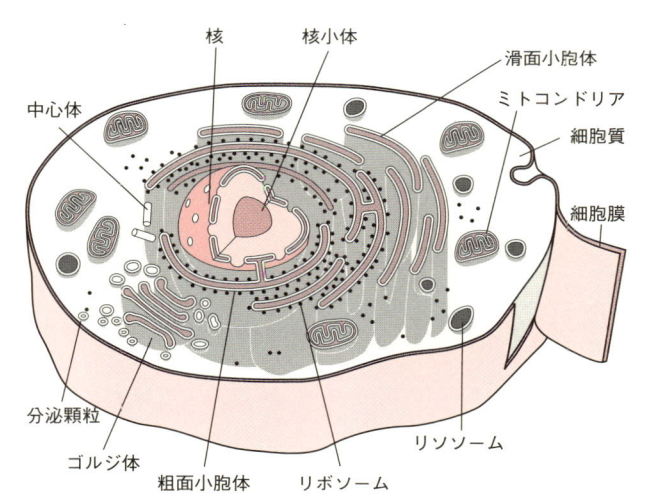

図1・1 細胞の構造

解答

	核 膜	細胞膜	細胞壁	葉緑体	ミトコンドリア	中心体
動物細胞	○	○	×	×	○	○
植物細胞	○	○	○	○	○	×(○)
原核細胞	×	○	○	×	×	×

*フックの法則 (Hooke's law)：弾性体の応力とひずみはある値に達するまで互いに比例して増加するという法則.

RANK up　　細胞発見の歴史

フック（R. Hooke）は英国の物理学者・生物学者であり，コルクが細かい無数の小部屋（cell）からできていることを発見した．有名なフックの法則*の発見者でもある．彼が観察したコルクは死んだ細胞であり，生きた細胞を初めて観察したのはレーウェンフック（Antoni van Leeuwenhoek，オランダの生物学者）である．細胞核を発見したブラウン（R. Brown）は英国の植物学者．ブラウン運動の発見者でもある．シュライデン（M. J. Schleiden）はドイツの植物学者・生物学者で，植物について細胞という考え方を初めて提唱した．シュワン（T. Schwann）はドイツの生物学者であり，シュライデンとともに，"生物体の構造と機能の基本的単位は細胞である"という考え方（細胞説）を提唱した．

基本問題 1・3　細胞膜の透過性

以下の記述の空欄に最も適する語句を入れよ．
(1) 溶媒（水）は通すが溶質を通さない性質を（ア　　）という．
(2) 特定の物質を選んで透過させる性質を（イ　　）という．
(3) 半透膜を介して水が浸透・移動しようとする圧力を（ウ　　）という．
(4) 細胞を入れたときに，見かけ上，水の出入りのみられない溶液を（エ　　）という．
(5) ヒトの体液の浸透圧は（オ　　）％食塩水と等しい．

溶質　solute
溶媒　solvent
半透膜　semipermeable membrane
選択透過性　selective permeability
浸透圧　osmotic pressure
モル濃度　molar concentration

ここが重要

細胞壁（植物細胞のみ）は**溶質**も**溶媒**も通す全透性であるのに対し，細胞膜（動物細胞，植物細胞）は溶媒のみ通す半透性の膜（**半透膜**）である．しかしその半透性は完全なものではなく，特定の物質を選択して透過させる性質をもち，これを**選択透過性**という．こうした半透膜を介しての水（溶媒）の移動のことを浸透とよび，浸透しようとする圧力を**浸透圧**という（図1・2）．浸透圧は溶質の濃度が高いほど高くなる．すなわち溶質の**モル濃度**に比例する．

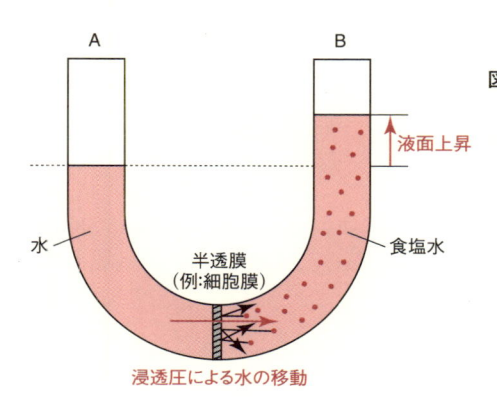

図 1・2 細胞膜と浸透圧　図のようなU字管の中央に半透膜（たとえば細胞膜）をセットし，A，B，それぞれに同量の水，食塩水を入れたとする．そうすると，はじめはA，Bの液面の高さは同じであっても，時間の経過とともに，水の浸透圧により水はAからBへ移動し，結果としてBの液面が上昇する．したがって浸透圧はこのBの液面上昇を抑制する圧力と同等とみなすことができる．

等張液に細胞を入れても細胞の大きさは変化しない．これは水の出入りがないのではなく，同じ量が出入りするために，見かけ上変化がみられないからである．

体液と**等張**な食塩水を**生理食塩水**という．生理食塩水には食塩（NaCl）のみが含まれるが，食塩以外の無機塩類も加えて，体液の組成に近くしたものが**リンゲル（リンガー）液**である．体液が低張になるとヒトの体は等張に戻そうとして，水分が細胞外へと排出され，組織の間に充満することになる．これが浮腫（むくみ）の原因である．また赤血球を蒸留水（低張液）に入れると，赤血球は破裂し，中身のヘモグロビン（赤色タンパク質）が流れ出すので，特に**溶血**とよばれる．

等 張　isotonic
生理食塩水　physiological saline
リンゲル液　Ringer's solution
溶 血　hemolysis

[解 答]　（ア）半透性　（イ）選択透過性　（ウ）浸透圧　（エ）等張液　（オ）0.9

RANK up　細胞内外の電解質組成と能動輸送

大昔，生物は海水中に単細胞生物として誕生したが，細胞膜によって周囲の環境（海水）とは成分の異なった液体を細胞内に貯めるようになった．こうした生物が進化し，陸上で生活を始めると，細胞が直接空気と接してしまうようになったため，細胞と空気との間に大昔の海水と同じ成分の液を置いた．これが**細胞外液**に相当する．すなわち細胞外液は細胞を守る役目をしており，細胞にとり海水にいるのと同じ環境をつくり出しているのである．

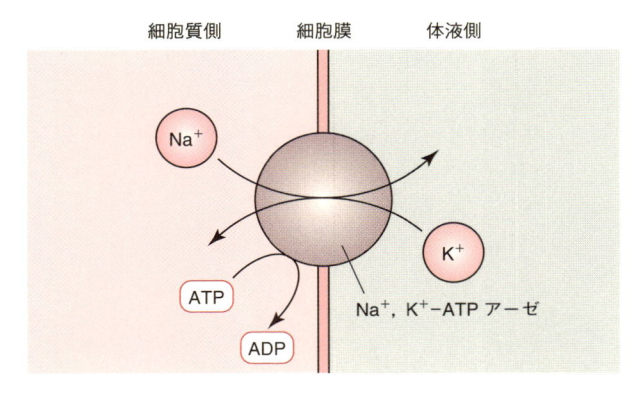

図1・3　細胞内外の電解質組成と能動輸送　生体を構成する細胞の内側と外側（体液側）では，その電解質組成が大きく異なる．その代表例が Na^+ と K^+ である．通常細胞内には K^+ が体液には Na^+ が多く存在するが，それは細胞膜上に存在する Na^+, K^+-ATPアーゼによる能動輸送による．Na^+, K^+-ATPアーゼはATPを加水分解して生じるエネルギーを利用して，Na^+ を細胞外へくみ出し，逆に細胞内へ K^+ を流入させる．

細胞内液にはカリウムが，細胞外液にはナトリウムが多い．血液の塩分の量は細胞外液とほとんど同じである．したがって血液にはナトリウムが多い．生きた細胞は細胞内に入ってきたナトリウムを自身のエネルギーを使って細胞の外にくみ出している．これを**ナトリウムポンプ**とよぶ（図1・3）．

第2章 細胞小器官

Key Words　□核　□ミトコンドリア　□ゴルジ体　□リソーム　□粗面小胞体
□滑面小胞体　□細胞膜　□細胞質

基本問題2・1　核

核に関する以下の記述の空欄に最も適する語句あるいは数値を入れよ．
(1) 核の中には遺伝情報をもった（ア　　）と塩基性タンパク質の（イ　　）が存在する．
(2) 核膜は核と細胞質を隔てる（ウ　　）重の膜で，小胞体に続いている．
(3) 核膜には多数の穴があり，これを（エ　　）とよぶ．
(4) （オ　　）は，細胞分裂前にDNAが2倍に増加してからみられるようになる．
(5) DNAはヒストンに巻付き，何度も折りたたまれて（カ　　）とよばれる繊維状の構造として存在する．

核　nucleus
核膜　nuclear membrane
核膜孔　nuclear pore
DNA（deoxyribonucleic acid）：デオキシリボ核酸
ヒストン　histone
染色体　chromosome
有糸分裂　mitosis

ここが重要

　核（細胞核）は通常一つの細胞に1個存在し，細胞全体を統括し，種々の生命現象に関与する．**核膜**は二重の膜で構成され，いたるところに**核膜孔**がある．
　核内には遺伝情報を担う**DNA**（デオキシリボ核酸）と塩基性タンパク質のヒストンが存在し，折りたたまれた状態にある．細胞分裂時には**染色体**が形成されるようになるが，これを**有糸分裂**とよぶ．染色体とDNAの関係を図2・1に示す．

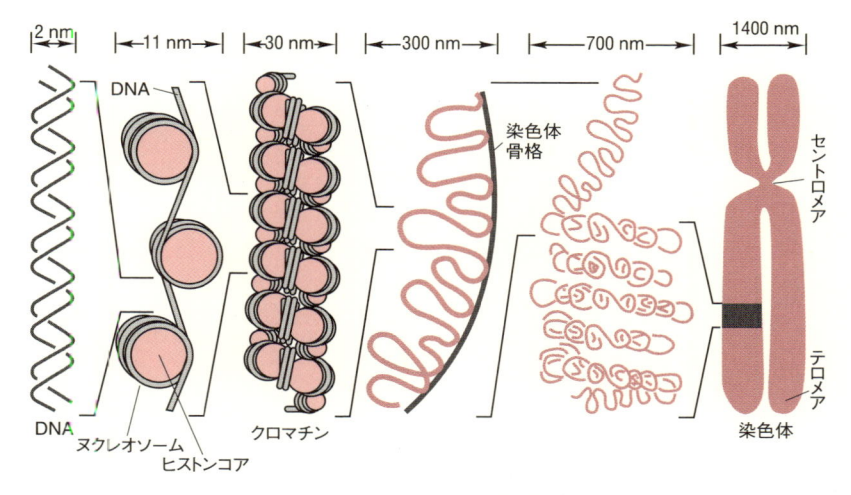

図2・1　染色体の構造

クロマチン　chromatin
ヌクレオソーム　nucleosome
RNA（ribonucleic acid）：リボ核酸
核小体　nucleolus
リボソームRNA　ribosomal RNA, rRNA
転移RNA　transfer RNA, tRNA

　染色体を拡大すると**クロマチン**（染色質）とよばれる構造になる．クロマチンはDNAがヒストンに巻付いた**ヌクレオソーム**という構造が繰返されたものである．
　また核内には**RNA**（リボ核酸）から成る**核小体**とよばれる円形の小器官がみられ，**リボソームRNA**（rRNA）や**転移RNA**（tRNA）の合成の場となっている．

解答 （ア）DNA （イ）ヒストン （ウ）二 （エ）核膜孔 （オ）染色体
（カ）クロマチン

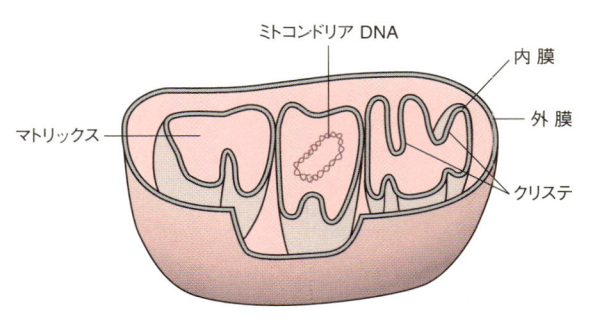

基本問題 2・2　ミトコンドリア

ミトコンドリアに関する以下の記述の空欄に最も適する語句を入れよ．
(1) ミトコンドリアの膜は，（ア　　）膜，（イ　　）膜という二重の膜で構成される．
(2) ミトコンドリア内部には多くのひだがあり，これを（ウ　　）という．
(3) 膜部分以外の液性領域を（エ　　）という．
(4) ミトコンドリアの役割は細胞内のエネルギー生産工場であり，（オ　　）の産生に関与している．
(5) ミトコンドリア中には自身のタンパク質を合成するための遺伝情報をもった（カ　　）がある．

ここが重要

ミトコンドリアの構造を図2・2に示す．ミトコンドリアは細胞の種類や代謝に関係して非常に多彩な形を示すが，通常は直径0.2～1.0 μm程度，長さが3～10 μmのラグビーボール状をしている．**内膜**と**外膜**から成り，内膜は折れ曲がって多くのひだをつくっており，これを**クリステ**とよぶ．クリステで囲まれた液性領域が**マトリックス**である．酸素を使う**好気的呼吸**や代謝にかかわる酵素類がこれらの内膜，外膜，マトリックスに存在する．またミトコンドリアタンパク質を合成するための情報をもったミトコンドリアDNA（mtDNA）が存在している．ミトコンドリアには後述する**クエン酸回路**（TCA回路），**電子伝達系**（呼吸鎖），脂肪酸酸化系（**β酸化**）があり，ATP（アデノシン三リン酸）産生に寄与している．

ミトコンドリア　mitochondria
内膜　inner membrane
外膜　outer membrane
クリステ　cristae
マトリックス　matrix
好気的呼吸　aerobic respiration
クエン酸回路　citric acid cycle
電子伝達系　electron transport system
呼吸鎖　respiratory chain
β酸化　β-oxidation

図2・2　ミトコンドリアの構造

解答　（ア）（イ）内，外　（ウ）クリステ　（エ）マトリックス　（オ）ATP
（カ）DNA

基本問題 2・3　リソソーム

以下の記述が正しければ○を，誤っている場合には×をつけよ．
(1) リソソームは一重の膜でできているので，核やミトコンドリアに比べ壊れやすい．
(2) 内部には多彩な種類の脱水素酵素が含まれている．
(3) リソソームの内部はアルカリ性のため生体高分子の構造が壊され，分解されやすくなる．
(4) 異物の貪食・消化にかかわる．

8　第Ⅰ部　生体の基本的な構造と機能

リソーム　lysosome
加水分解酵素
hydrolytic enzyme

* リソームに含まれる代表的な加水分解酵素
・グルクロニダーゼ
・タンパク質分解酵素（カテプシンなど）
・酸性ホスファターゼ
・デオキシリボヌクレアーゼ
・リボヌクレアーゼ

食作用（endocytosis）：エンドサイトーシスともいう．
貪食（phagocytosis）：ファゴサイトーシスともいう．
消化　digestion

ここが重要

　リソームを形成する膜は一重であり，そのため非常に壊れやすい．内部には多くの**加水分解酵素***が含まれ，外部から取込んだ異物，栄養物の分解，そして細胞内の不要物質などの分解処理，リサイクルにかかわっている．細胞外から物質を取込んで処理する過程を**食作用**あるいは**貪食**とよぶ．また生体高分子を小分子にまで分解することを**消化**とよぶ．たとえばタンパク質のペプチドやアミノ酸までの加水分解があげられる（図2・3）．

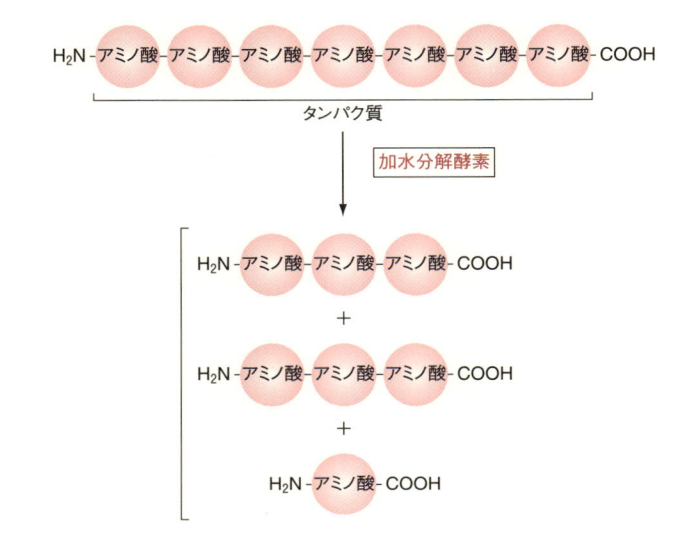

図2・3　タンパク質の加水分解

解答　(1) ○　(2) ×：脱水素酵素ではなく，加水分解酵素．(3) ×：アルカリ性ではなく，酸性．(4) ○

基本問題2・4　ゴルジ体

　ゴルジ体に関する以下の記述の空欄に最も適する語句を入れよ．
(1) ゴルジ体は（ア　　）が重なり合った層状構造をしている．
(2) ゴルジ体は分泌物質の（イ　　）に関与している．
(3) 小胞体を通ってきた細胞内生成物を濃縮・包装して（ウ　　）を形成する．
(4) （ウ　　）は細胞膜へと運ばれ融合・開裂し，内容物は細胞外へと排出（分泌）されるが，これを（エ　　）とよぶ．
(5) ゴルジ体の位置は（オ　　）の近くにあり，この場所をゴルジ野とよぶ．

ゴルジ体　Golgi body

分泌顆粒
secretory granule

分泌　secretion

ここが重要

　ゴルジ体は核の近くにあり，袋状の小囊が重なり合った層状構造をしている．粗面小胞体で合成されたタンパク質は小胞体を通ってゴルジ体で濃縮・貯蔵された後，膜で包装され**分泌顆粒**となって細胞膜へと輸送される．分泌顆粒が細胞膜と融合すると，内部に含まれた物質が細胞外へと排出（**分泌**）される．この過程

をエキソサイトーシスという（図2・4）．なお，ある種のタンパク質はゴルジ体を経由している間に糖鎖付加などの修飾を受ける．

エキソサイトーシス exocytosis

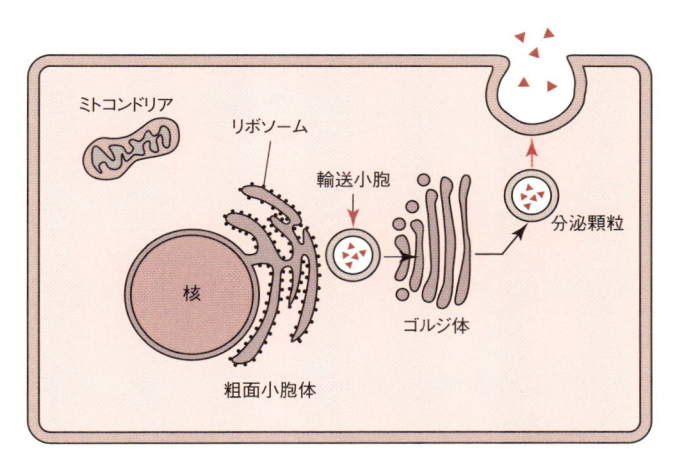

図2・4 ゴルジ体における分泌顆粒形成とエキソサイトーシス

解答 （ア）小囊 （イ）輸送 （ウ）分泌顆粒 （エ）エキソサイトーシス （オ）核

基本問題 2・5 小胞体（滑面小胞体，粗面小胞体）

小胞体に関する以下の記述の空欄に最も適する語句を入れよ．
(1) （ア　）は脂質類の合成を行う．
(2) （イ　）はタンパク質合成の場である．
(3) （イ　）の表面には（ウ　）が付着している．
(4) （ウ　）は RNA と（エ　）でつくられた顆粒状の構造物である．
(5) （オ　）には薬物を代謝（分解や修飾）する酵素が存在する．

ここが重要

小胞体はいろいろな物質が合成される場であり，平たい袋状あるいは小胞状をした複雑な膜系である．小胞体は 2 種類あり，**リボソーム**（RNA とタンパク質で構成）という顆粒が表面に付着したものを**粗面小胞体**，リボソームが付着していないものを**滑面小胞体**とよぶ．前者はタンパク質の合成の場であり，後者は**脂質類**（中性脂肪，リン脂質，コレステロールなど）の合成を行う．また滑面小胞体には**シトクロム P450** とよばれる一群の酵素が存在し，薬物の代謝に関与する．この酵素の働き（**酵素活性**）の多少は医薬品の効果に大きく関係する．

解答 （ア）滑面小胞体 （イ）粗面小胞体 （ウ）リボソーム （エ）タンパク質 （オ）滑面小胞体

小胞体 endoplasmic reticulum, ER
リボソーム ribosome
粗面小胞体 rough ER, rER
滑面小胞体 smooth ER, sER
脂質 lipid
シトクロム P450 cytochrome P450
酵素活性 enzyme activity

基本問題 2・6 細胞膜

細胞膜に関する以下の記述の空欄に最も適する語句を入れよ．
(1) 細胞膜は（ア　）から成る二重構造をしている．

(2) 細胞膜は（イ　）とよばれる柔軟性の高い構造をしている．
(3) 細胞膜は（ウ　）に溶けやすい物質は通しにくい．
(4) 細胞膜に埋込まれたタンパク質を（エ　）という．
(5) 細胞内外の濃度差に逆らって，濃度の低い方から高い方へ物質を輸送する形式を（オ　）輸送という．

細胞膜 cell membrane
リン脂質 phospholipid
膜タンパク質 membrane protein
コレステロール cholesterol
脂溶性 lipophilic
水溶性 hydrophilic
流動モザイクモデル fluid mosaic model

ここが重要

　細胞膜は基本的に**リン脂質**が二重に重なった構造をしており，そのため脂質二重層とよばれる（図2・5）．ところどころに**膜タンパク質**やコレステロールが埋込まれている．脂質が主成分であるため柔軟性が高く，**脂溶性**（油に溶けやすい）の物質は膜を通過しやすいのに対し，**水溶性**（水に溶けやすい）の物質は通過しにくい．こうした構造は**流動モザイクモデル**とよばれる．

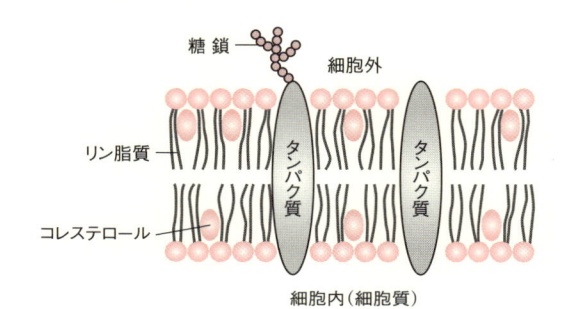

図2・5　細胞膜の構造

受動輸送 passive transport
能動輸送 active transport

＊ATPについては第4章を参照．

　物質の細胞膜透過の仕方には**受動輸送**と**能動輸送**がある．受動輸送では細胞内外の濃度差に従って，濃度の高い方から低い方へ物質の移動が起こるのに対し，能動輸送では濃度の低い方から高い方へ移動する．こうした濃度勾配に逆らっての物質の輸送にはエネルギー（ATP＊などの加水分解で供給される）が必要である．

解答　（ア）リン脂質　（イ）流動モザイクモデル　（ウ）水　（エ）膜タンパク質　（オ）能動

基本問題2・7　細胞質基質

　細胞質基質に関する以下の記述の空欄に最も適する語句を入れよ．
　細胞質基質には（ア　）や水溶性タンパク質類，水溶性酵素類が含まれているが，特に重要なものは嫌気的呼吸（酸素を必要としない呼吸）を行う（イ　）酵素群と（ウ　）合成酵素群である．細胞質基質内には繊維状の（ア　）が張り巡らされており，細胞の（エ　）を保つとともに，細胞の（オ　）に重要な働きをしている．

ここが重要

細胞質基質 cytosol
解糖系 glycolysis

　細胞質基質には多くのタンパク質（酵素類を含む）が含まれているが，なかでも重要なのが解糖系酵素群である．**解糖系**ではグルコースがピルビン酸に変換されるが，その過程において酸素を使わずにATP（エネルギー）が生成されるため，

嫌気的呼吸とよばれる．また**脂肪酸合成酵素**も存在している．さらに細胞質には**中心体**とよばれる繊維状の構造物があり，細胞分裂のときの紡錘体の形成や**細胞骨格**の形成に関与している．通常，細胞は一定の形を保っているが，それは細胞骨格が細胞の形を内側から支え，種々の細胞小器官の配置を決めているからである．こうした仕組みのない細胞は特定の形をもたない．さらに細胞骨格は細胞の運動，染色体の移動，細胞内輸送などにも重要な働きをしている．

[解答]　（ア）細胞骨格　（イ）解糖系　（ウ）脂肪酸　（エ）形　（オ）運動

嫌気的呼吸
anaerobic respiration
脂肪酸合成酵素
fatty acid synthase
中心体　centrosome
細胞骨格　cytoskelton

第3章 生体物質（糖質，脂質，タンパク質，核酸）

Key Words　□糖質　□脂質　□タンパク質　□核酸

基本問題 3・1　糖の構造と性質（1）

以下の記述の空欄に最も適する語句を入れよ．

糖質（糖）とはヒドロキシ基（-OH）が複数ある多価（ア　　）の一種で，（イ　　）基（-CHO）または（ウ　　）基（>C=O）をもつものの総称である．一般に $C_m(H_2O)_n$ の式で表されることから（エ　　）ともよばれる．糖質は（オ　　），二糖類，多糖類に分類される．代表的な（オ　　）としてグルコース，二糖類としてフルクトース，そして多糖類の例としてグルコースの重合体でありヒトのエネルギー源として最も重要な（カ　　）などがある．（オ　　）は炭素の数により，五炭糖，六炭糖などとよばれるが，ヒトの体には六炭糖である（キ　　）が最も多く，重要なエネルギー源となっている．

糖質（sugar）：単に糖ともいう．

炭水化物　carbohydrate

ここが重要

糖質は，おもに炭素・水素・酸素から成る．**炭水化物**とよばれることもあるが，それは $C_m(H_2O)_n$ という化学式で書けるものが多く，式の中に H_2O（水）が入っ

D-グルコース（アルドース）　　アルデヒド基
D-フルクトース（ケトース）　　ケト基

図 3・1　代表的な単糖類（六炭糖）の構造　D-グルコースの D は立体異性体のうち D 形をさす．

表 3・1　炭素の数からの単糖類の分類

分類	英語表記	具体的な糖の例
三炭糖	トリオース	グリセルアルデヒド
四炭糖	テトロース	エリトロース
五炭糖	ペントース	リボース（RNAの構成成分），デオキシリボース（DNAの構成成分），キシロース
六炭糖	ヘキソース	グルコース（ブドウ糖ともいう．生体のエネルギー源），フルクトース（果糖），ガラクトース，マンノース
七炭糖	ヘプトース	セドヘプトロース

α-D-グルコピラノース　　β-D-グルコピラノース

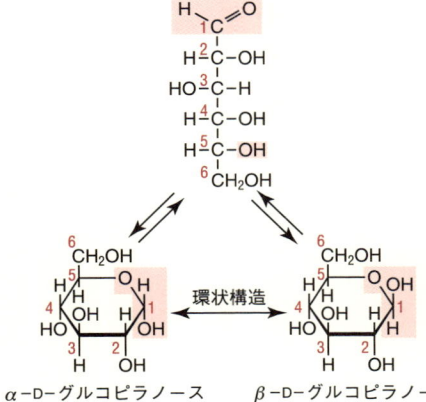

1位の炭素についている-OHに注意する．
α形：-OH が下向き
β形：-OH が上向き

図 3・2　グルコースの環状構造　六員環構造をとる糖をピランの構造にちなみピラノースとよぶ．

第3章 生体物質（糖，脂質，タンパク質，核酸） 13

ているためである．アルデヒド基（-CHO）やケト基（>C=O）をもつ**多価アルコール**（-OH基を複数もつアルコールのこと）である．**単糖類**は炭素の数により，三炭素，四炭素，**五炭糖**，**六炭糖**，七炭糖などとよばれる（図3・1，表3・1）．五炭糖以上の糖は，通常，アルデヒド基やケト基が分子内の遠くの位置にあるアルコール基に結合して**環状構造**をとることが多い（図3・2）．

　ヒトが食物として糖質を摂取した場合，単糖類はそのまま，**二糖類**（単糖類が二個つながったもの）と**多糖類**（単糖類が多数つながったもの）は種々の糖分解酵素によって単糖類にまで分解されて，小腸から吸収され重要なエネルギー源として利用される．図3・1に代表的な六炭糖であるグルコース（ブドウ糖）とフルクトース（果糖）の構造を示した．グルコースは，アルデヒド基をもつことから**アルドース**に分類され，フルクトースは，ケト基をもつことから**ケトース**に分類される．

多価アルコール	polyol, polyalcohol
単糖類	monosaccharide
五炭糖	pentose
六炭糖	hexose
二糖類	disaccharide
多糖類	polysaccharide
アルドース	aldose
ケトース	ketose

[解 答]　（ア）アルコール　（イ）アルデヒド　（ウ）ケト　（エ）炭水化物
（オ）単糖類　（カ）デンプン　（キ）グルコース

基本問題 3・2　糖の構造と性質（2）

以下の記述の空欄に最も適する語句を入れよ．
(1) 二糖類は単糖と単糖が結合する際，（ア　　　）が取れる形で結合したものであり，これを脱水縮合とよぶ．
(2) 糖質にみられる(1)のような結合は（イ　　　）結合ともいう．
(3) スクロース（ショ糖）はグルコースと（ウ　　　）が結合した二糖類である．
(4) ラクトース（乳糖）はグルコースと（エ　　　）が結合した二糖類である．
(5) デンプンは，単糖類である（オ　　　）がグリコシド結合で多数つながったものである．

ここが重要

　二糖類は単糖と単糖が脱水縮合したもので，こうした糖の結合の仕方を**グリコシド結合**とよぶ．図3・3の二糖類にみられるように，左側の糖はピラノース（六角形の環）の1番目の炭素の位置から下（α位）あるいは上（β位）から手を出して右側の糖の2番の炭素または4番目の炭素と結合している．それぞれα1→β2あるいはβ1→4と表記する．

グリコシド結合
glycosidic bond

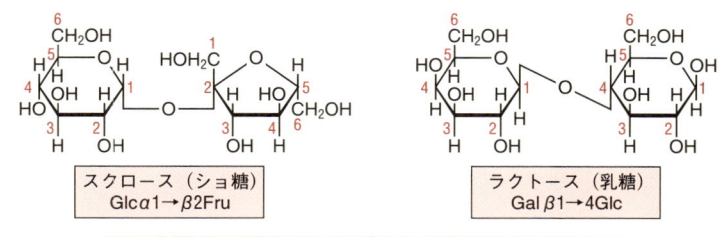

スクロース（ショ糖）
Glcα1→β2Fru

ラクトース（乳糖）
Galβ1→4Glc

Glc：グルコース　Gal：ガラクトース　Fru：フルクトース
図3・3　二糖類の構造と結合様式

　多糖類は単糖が10個以上つながったもので，同じ単糖類がつながったものを**ホモ多糖**，いろいろ異なったものがつながったものを**ヘテロ多糖**とよぶ．前者に

ホモ多糖
homopolysaccharide
ヘテロ多糖
heteropolysaccharide

セルロース cellulose
デンプン starch
グリコーゲン glycogen
ヒアルロン酸 hyaluronic acid
コンドロイチン硫酸 chondroitin sulfate
ヘパリン heparin

はセルロース，デンプン，グリコーゲンがあり（図3・4），後者にはヒアルロン酸，コンドロイチン硫酸，ヘパリンなどがある．

(a) アミロース

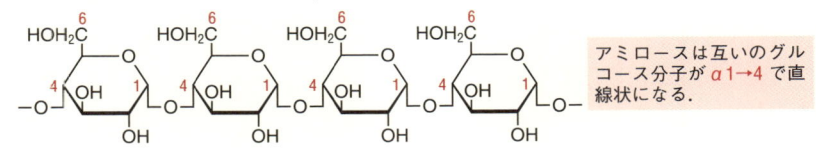

アミロースは互いのグルコース分子が α1→4 で直線状になる．

(b) アミロペクチン

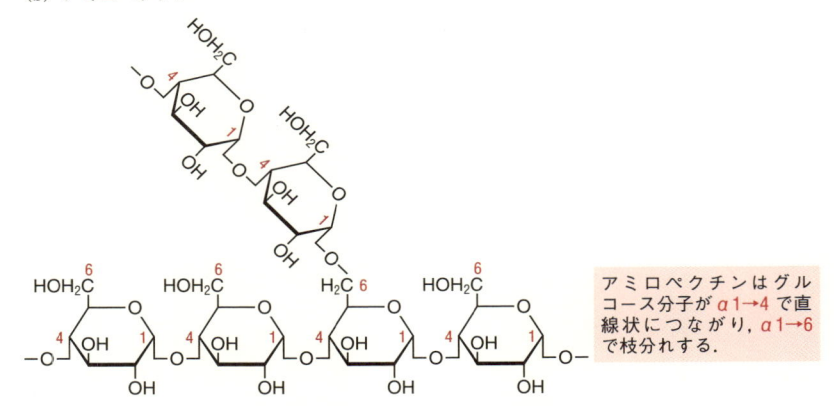

アミロペクチンはグルコース分子が α1→4 で直線状につながり，α1→6 で枝分れする．

図3・4 多糖類（デンプン）の構造と結合様式

[解答]　（ア）水　（イ）グリコシド　（ウ）フルクトース　（エ）ガラクトース　（オ）グルコース

基本問題3・3　脂質の構造と性質（1）

以下の記述の空欄に最も適する語句を入れよ．
(1) 水に溶けやすい性質を（ア　　）という．
(2) 水に溶けにくい性質を（イ　　）という．
(3) 油に溶けやすい性質を（ウ　　）という．
(4) 脂質は（エ　　）に溶けず，クロロホルム，アルコール，エーテルなどの（オ　　）に溶けやすい性質をもつものの総称である．
(5) 脂質は，おもに炭素と水素から成るため，水に溶け（カ　　）．

ここが重要

親水性 hydrophilicity
疎水性 hydrophobicity
親油性 lipophilicity
脂質 lipid
有機溶媒 organic solvent

生体を構成する物質の中には水に溶けやすく，油に溶けにくいもの，逆に油に溶けやすく，水に溶けにくいものがある．水に溶けやすい性質を**親水性**，水に溶けにくく，油に溶けやすい性質を**疎水性**あるいは**親油性**という．

脂質とは，生体に含まれる物質のうち，水に溶けにくく，クロロホルム，アルコール，エーテルなどの**有機溶媒**（油の仲間）に溶けるものの総称である．構造上の特徴として炭化水素（-CH$_2$-）から成る骨組みがあり，そのために疎水性・

第 3 章　生体物質（糖，脂質，タンパク質，核酸）　　15

親油性を示す．脂質は生体内で，貯蔵エネルギー，細胞の膜成分，ホルモンなど重要な働きを担っている．おもな脂質は表 3・2 のように分類される．

表 3・2　脂質の分類

脂　質	構成成分
単純脂質	
1) トリアシルグリセロール	グリセロール，脂肪酸
2) コレステロールエステル	コレステロール，脂肪酸
3) ロ ウ	高級脂肪族アルコール，脂肪酸
複合脂質	
1) リン脂質	リンを含む脂質化合物
2) 糖脂質	糖質を含む脂質化合物
誘導脂質	
1) コレステロール	単純脂質や複合脂質の加水分解
2) 脂肪酸	産物のうち，脂溶性のもの

解 答　（ア）親水性　（イ）疎水性　（ウ）親油性　（エ）水　（オ）有機溶媒　（カ）にくい

基本問題 3・4　脂質の構造と性質（2）

以下の脂質類の構造を選択肢欄の中から選び，番号で答えよ．
(1) 脂肪酸
(2) 中性脂肪
(3) コレステロール

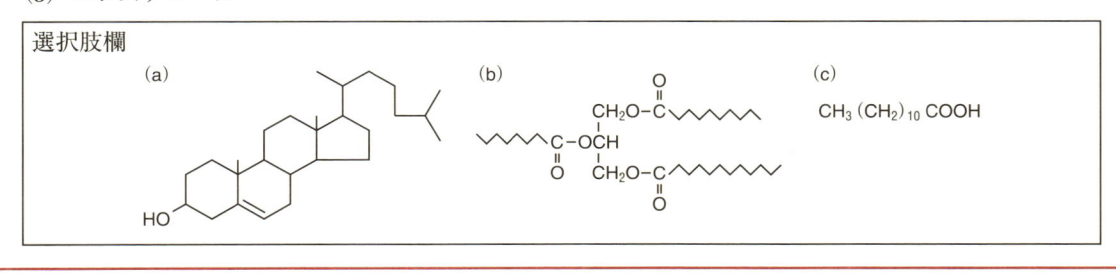

選択肢欄
(a) コレステロール構造式（HO-のステロイド骨格）
(b) トリアシルグリセロール構造式
(c) $CH_3(CH_2)_{10}COOH$

ここが重要

a. 脂肪酸の特徴　脂肪酸とは，鎖状につながった長い炭化水素鎖の末端に**カルボキシ基**（-COOH）をもつものであり，一般に**カルボン酸**といわれる．炭素数は偶数個の 14 個から 20 個までのものが多い．二重結合（-CH=CH-）をもっているものを**不飽和脂肪酸**，もっていないものを**飽和脂肪酸**とよぶ．脂肪酸は炭素の数が増加するにつれて疎水性が強くなる（油に溶けやすい）．不飽和脂肪酸の中には体内で合成することができないものもあり，食物から摂取しなければならないため，**必須脂肪酸**とよばれる．

b. 中性脂肪の特徴　**中性脂肪**は脂肪ともよばれ，ヒトの体の中では**脂肪組**

脂肪酸　fatty acid
カルボキシ基　carboxy group
カルボン酸　carboxylic acid
不飽和脂肪酸　unsaturated fatty acid
飽和脂肪酸　saturated fatty acid
必須脂肪酸　essential fatty acid
中性脂肪　neutral fat
脂肪組織　adipose tissue, fat tissue

グリセロール　glycerol
エステル結合　ester bond
トリアシルグリセロール
(triacylglycerol)：トリグリセリドともいう．

織（皮下脂肪や腹部の脂肪など）に多い．グリセロールの三つのヒドロキシ基，それぞれに脂肪酸が**エステル結合**しているので，**トリアシルグリセロール**とよばれる．体内ではエネルギーの貯蔵源として働いている．中性脂肪の構造を図3・5に示す．

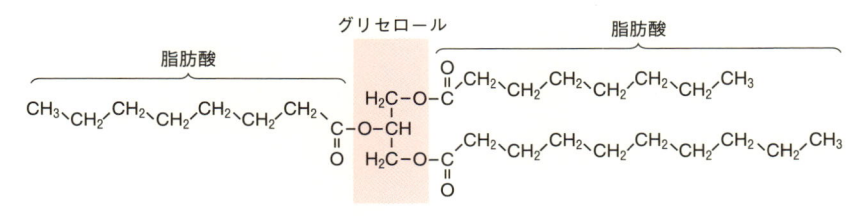

図3・5　中性脂肪の構造

ステロイド　steroid
コレステロール　cholesterol

c. ステロイドの特徴　ステロイドとはステロイド骨格をもつ一群の物質の総称である．その代表的なものが**コレステロール**であり，ステロイド骨格とヒドロキシ基を1個もつアルコールである（図3・6）．

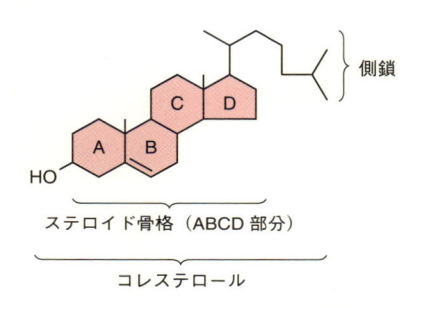

図3・6　コレステロールの構造

ステロイドホルモン
steroid hormone
胆汁酸　bile acid
ビタミンD　vitamin D

コレステロールは，**ステロイドホルモン**，**胆汁酸**，**ビタミンD**などの他のステロイドの材料になり，ヒトの体内では脳神経系，肝臓，胆汁，血液中に多く含まれている．

コレステロールは体内で合成されるほか，食物からも取入れられる．コレステロールが多く含まれているものとして卵黄やイカなどがある．

解 答　　(1) c　(2) b　(3) a

基本問題3・5　タンパク質の構造と性質（1）

以下の記述の空欄に最も適する語句，数値を入れよ．
(1) タンパク質は大きな分子であり，こうした分子を（ア　　　）という．
(2) タンパク質は多くのアミノ酸が結合したものであるが，その結合を（イ　　　）結合とよぶ．
(3) タンパク質を形成する基本的アミノ酸は（ウ　　　）種類ある．
(4) アミノ酸の並び方は（エ　　　）が決めている．
(5) 分子量が1万に満たないものは（オ　　　）とよばれる．
(6) タンパク質は特定の（カ　　　）を吸収する性質により定量される．
(7) タンパク質はアミノ基とカルボキシ基をもつ（キ　　　）である．
(8) タンパク質を溶液中に入れたとき，マイナス電荷（カルボキシ基由来）とプラス電荷（アミノ基

由来）の数が等しくなる pH を（ク　　）という．
(9) アミノ酸がたくさんつながった場合，両端のアミノ基あるいはカルボキシ基をもつアミノ酸をそれぞれ（ケ　　），（コ　　）アミノ酸という．

ここが重要

タンパク質は 20 種類*の**アミノ酸**が遺伝子の情報に従って長くつながったものである（図3・7）.

タンパク質　protein

* 第3章 RANK up "タンパク質にみられるアミノ酸" を参照．

アミノ酸　amino acid

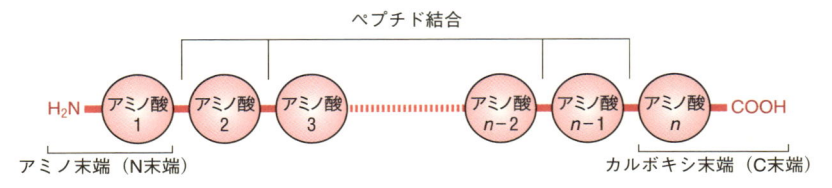

図3・7　タンパク質の構造模式図

生体のタンパク質は分子量が1万から10万のものが多く，1万未満のものは**ポリペプチド**とよばれる．一般に分子量の大きな分子は**高分子**とよばれるが，なかでも生体に含まれる大きな分子を**生体高分子**（多糖類，タンパク質，核酸など）とよぶこともある．

ポリペプチド　polypeptide
高分子　polymer
生体高分子　biopolymer

タンパク質を構成するアミノ酸の基本構造を図3・8に示す．図中のR部分（側鎖）の違いにより名前が異なる．あるアミノ酸のカルボキシ基とその次に並ぶアミノ酸のアミノ基が脱水縮合してつながったものが**ペプチド結合**（−CONH−）である．

ペプチド結合　peptide bond

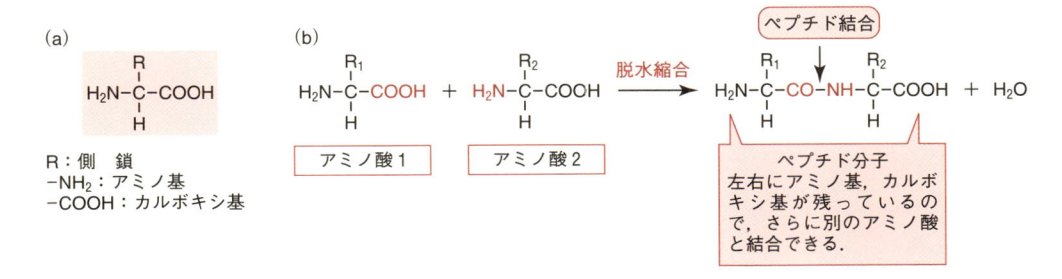

図3・8　アミノ酸の基本構造(a)とペプチド結合(b)

タンパク質を構成するアミノ酸は，おもに**脂肪族アミノ酸，芳香族アミノ酸，酸性アミノ酸，塩基性アミノ酸**に大別できる．代表的なものを以下に示す．

脂肪族アミノ酸：グリシン（最も単純なアミノ酸），アラニン，バリン，ロイシン，イソロイシン，トレオニン，メチオニン，など
芳香族アミノ酸：フェニルアラニン，トリプトファン，チロシン
酸性アミノ酸：アスパラギン酸，グルタミン酸
塩基性アミノ酸：アルギニン，リシン，ヒスチジン

アミノ酸の中には体内で合成できないものもあり，それらは食物から摂取する必要があるため**必須アミノ酸**とよばれる．

脂肪族アミノ酸　aliphatic amino acid
芳香族アミノ酸　aromatic amino acid
酸性アミノ酸　acidic amino acid
塩基性アミノ酸　basic amino acid
必須アミノ酸　essential amino acid

両性電解質 ampholyte

タンパク質の構成単位であるアミノ酸は分子内にアミノ基（陽電荷，プラス）とカルボキシ基（陰電荷，マイナス）をもつことから，**両性電解質**とよばれ，その重合体であるタンパク質もまた両性電解質の仲間である．タンパク質をあるpHの水溶液に溶かした場合，プラス荷電とマイナス荷電の数が等しくなり，タンパク質全体として見かけ上電荷をもたないようになることがある．このときのpHを**等電点**という．

等電点 isoelectric point

> **解 答**　（ア）高分子　（イ）ペプチド　（ウ）20　（エ）遺伝子　（オ）ポリペプチド　（カ）紫外線　（キ）両性電解質　（ク）等電点　（ケ）N末端　（コ）C末端

RANK up　タンパク質にみられるアミノ酸

タンパク質を構成するアミノ酸はmRNAのコドンにより規定される基本的アミノ酸20種類*のほか，翻訳後に化学的修飾を受けるアミノ酸，ヒドロキシプロリン，ヒドロキシリシン，シスチンの3種類を加えて23種類とする場合もある．

*表16·1を参照．

基本問題3·6　タンパク質の構造と性質（2）

以下の記述が正しければ○を，誤っている場合は×をつけよ．
(1) タンパク質（ポリペプチド）を構成するアミノ酸の配列を一次構造という．
(2) ポリペプチドの構造のうち，ひだ状のシート構造をαヘリックスといい，これを二次構造とよぶ．
(3) 三次構造とは二次構造が折りたたまれてできる立体構造をいい，その形成にはジスルフィド結合，静電結合，水素結合，疎水結合などが関与する．
(4) タンパク質のポリペプチド鎖は常に1本である．
(5) タンパク質の形は大きく球状と繊維状に分類できる．

一次構造 primary structure
二次構造 secondary structure
αヘリックス α helix
βシート β sheet
三次構造 tertiary structure
ジスルフィド結合 disulfide bond
静電結合 electrostatic bond
水素結合 hydrogen bond
疎水結合 hydrophobic bond
四次構造 quaternary structure
サブユニット subunit
球状タンパク質 globular protein
繊維状タンパク質 fibrous protein

> **ここが重要**
>
> タンパク質の構造を理解するには以下の四つの構造を理解しておく必要がある．
>
> **一次構造**：アミノ酸の配列順序
> **二次構造**：一次構造に水素結合が形成されてできる特徴的な構造で，右巻きのらせん構造（αヘリックス）とひだの付いた布状構造（βシート）がある．
> **三次構造**：ポリペプチドの二次構造が折りたたまれてできる立体構造で，**ジスルフィド結合，静電結合，水素結合，疎水結合**などにより形成される．
> **四次構造**：2本以上のポリペプチド鎖が組合わされてできる構造．それぞれのポリペプチド鎖を**サブユニット**とよぶ．
>
> タンパク質の形は大まかに球状のものと繊維状のものに分類される．**球状タンパク質**は水に溶けやすく酵素を含め大部分のタンパク質が含まれる．**繊維状タンパク質**は水に溶けにくく，生体内の構造要素として働くもので，コラーゲン，ケラチンなどがある．

> **解 答**　(1)○　(2)×　(3)○　(4)×　(5)○

第3章 生体物質（糖，脂質，タンパク質，核酸） 19

基本問題 3・7　核酸の構造と性質 (1)

> 以下の記述の空欄に最も適する語句を入れよ．
> 　核酸は酸性の生体高分子で，（ア　　　）の保持・伝達の役割を果たしている．核酸は大きくデオキシリボ核酸（イ　　　）とリボ核酸（ウ　　　）に分類され，（イ　　　）は（エ　　　）の本体そのものであり，（ウ　　　）はタンパク質の合成過程において種々の役割を果たしている．核酸は多くの（オ　　　）の重合体であり，（オ　　　）は（カ　　　），五炭糖，リン酸から成る．

ここが重要

　核酸は，おもに核内に存在する非常に酸性度の強い生体高分子である．生体は，核酸により保持・伝達された**遺伝情報**に基づいてつくられたタンパク質により構成され，機能している．核酸には **DNA**（**デオキシリボ核酸**）と **RNA**（**リボ核酸**）があるが，DNA は遺伝子本体として遺伝情報を担うのに対し，RNA はその遺伝情報がタンパク質として変換される過程，すなわちタンパク質合成の過程で種々の働きをしている．タンパク質がアミノ酸の重合体であるのと同様，DNA も RNA も，**ヌクレオチド**とよばれる一つの構成単位が重合したものである．（図3・9）．

　ヌクレオチドは**核酸塩基**（単に塩基とよぶこともある），**五炭糖**（ペントース），**リン酸**から成り，ヌクレオチドからリン酸が除かれたものを**ヌクレオシド**という．これらに含まれる核酸塩基は，その骨格構造から**プリン塩基**，**ピリミジン塩基**に大別される．（図3・10）

核　酸　nucleic acid
遺伝情報　genetic information
デオキシリボ核酸　deoxyribonucleic acid, DNA
リボ核酸　ribonucleic acid, RNA
ヌクレオチド　nucleotide
核酸塩基　base
ヌクレオシド　nucleoside
プリン塩基　purine base
ピリミジン塩基　pyrimidine base

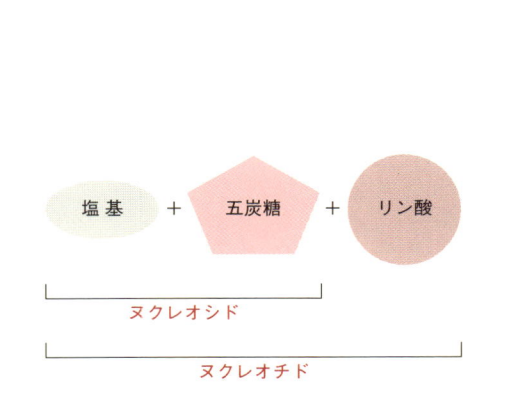

図3・9　核酸の構成単位

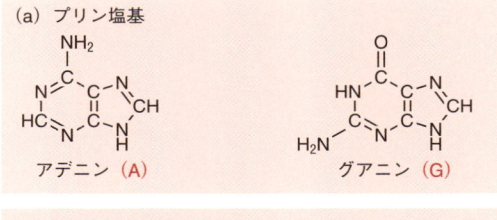

図3・10　核酸塩基の化学構造

　核酸中に含まれる五炭糖は**デオキシリボース**あるいは**リボース**であり，DNA はデオキシリボースを含み，RNA はリボースを含むことがその名称の由来になっている．図3・11にヌクレオチドの例としてデオキシアデニル酸[*1]（DNA の場合）およびアデニル酸[*2]（RNA の場合）の構造を示す．

デオキシリボース　deoxyribose
リボース　ribose
[*1] デオキシアデノシン一リン酸ともいう．
[*2] アデノシン一リン酸ともいう．

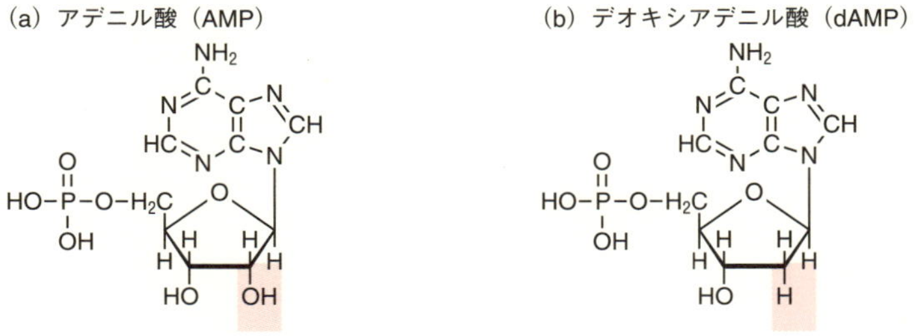

(a) アデニル酸（AMP）　　(b) デオキシアデニル酸（dAMP）

図3・11　アデニル酸（AMP）とデオキシアデニル酸（dAMP）の化学構造式

解答　（ア）遺伝情報　（イ）DNA　（ウ）RNA　（エ）遺伝子　（オ）ヌクレオチド　（カ）核酸塩基

基本問題3・8　核酸の構造と性質（2）

以下の記述の空欄に最も適する語句や数値を入れよ．
(1) 核酸はヌクレオチドが結合したものであるため（ア　　）ともいう．
(2) ヌクレオチドの結合は（イ　　）結合である．
(3) 核酸の高次構造は，塩基間の（ウ　　）結合によって形成される．
(4) DNAは二本のポリヌクレオチド鎖が（エ　　）的に対をなして形成されている．
(5) DNAを形成している二本のポリヌクレオチド鎖がほどけて，ばらばらになることを（オ　　）とよぶ．

ここが重要

DNA（デオキシリボ核酸）は，A, G, C, T の4種類のデオキシリボヌクレオチドが，五炭糖部分でリン酸ジエステル結合を形成して長くつながったもので

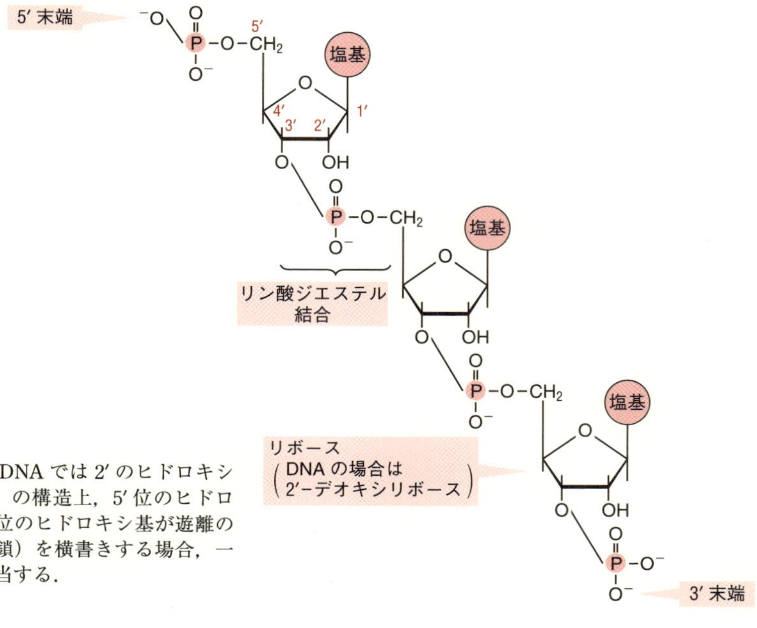

図3・12　ポリヌクレオチドの共通構造　DNAでは2′のヒドロキシ基が欠けている．核酸（DNAやRNA）の構造上，5′位のヒドロキシ基が遊離の形の部分を5′末端，3′位のヒドロキシ基が遊離の形の部分を3′末端とよぶ．核酸（一本鎖）を横書きする場合，一般に左端が5′末端，右端が3′末端に相当する．

あり，こうしたヌクレオチドの鎖を**ポリヌクレオチド**という（図3・12）．

ポリヌクレオチド中で4種類のヌクレオチドがどういった順序で並んでいるかを**ヌクレオチド配列**あるいは**塩基配列**といい，DNA中のヌクレオチド配列そのものが**遺伝暗号**である．DNAの構造のもう一つの特徴は，AとT，GとCが水素結合によってA–T，G–Cという塩基間の対を形成することである．これを**塩基対**という．したがってDNAは二本鎖（二重鎖）から成り，らせん構造をとることから**二重らせん構造**とよばれる（図3・13）．二重らせん構造は加熱によりほぐれるが，この現象を**変性**あるいは**融解**という．

ポリヌクレオチド	polynucleotide
ヌクレオチド配列	nucleotide sequence
塩基配列	base sequence
遺伝暗号	genetic code
塩基対	base pair
二重らせん構造	double helix structure
変性	denaturation
融解	melting
転写	transcription

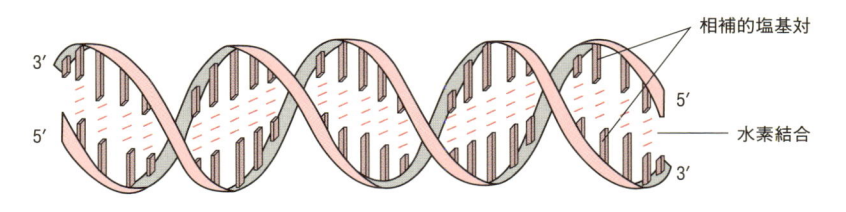

図3・13　DNAの二重らせん構造

RNA（リボ核酸）は，A, G, C, Uの4種類のリボヌクレオチドが，DNAの場合と同様な形（リン酸ジエステル結合）でつながったものである．RNAは一本のポリヌクレオチド鎖であり，すべてのRNAは遺伝子であるDNAを鋳型にしてつくられ（**転写**とよばれる過程），**メッセンジャー RNA**（mRNA），**転移 RNA**（tRNA），**リボソーム RNA**（rRNA）などがある．ただし，RNAの場合も分子内にある程度の長さの相補的な塩基配列があれば塩基対を形成し，分子内二重らせん構造をとる場合がある．

メッセンジャー RNA	messenger RNA, mRNA
転移 RNA	transfer RNA, tRNA
リボソーム RNA	ribosomal RNA, rRNA

［解答］　（ア）ポリヌクレオチド　（イ）ホスホジエステル　（ウ）水素　（エ）相補　（オ）変性

第Ⅰ部の発展問題

第1章

1 以下の記述の空欄に適切な語句を入れよ．

植物細胞を（ア　　）液に浸すと，細胞膜が細胞壁から離れる（イ　　）が起こる．これは，細胞膜が（ウ　　）性であるのに対して，細胞壁が（エ　　）性であるために起こる現象である．

2 リソソーム，リボソーム，核，ミトコンドリアを，大きいものから順に並べよ．

3 植物細胞にあって，動物細胞にない細胞構造体をすべてあげよ．

4 選択透過性に関する記述の空欄に適切な語句を入れなさい．

濃度差に従う物質の輸送を（ア　　）輸送といい，濃度差に逆らう物質の輸送を（イ　　）輸送という．後者の輸送機構では（ウ　　）の加水分解により放出されたエネルギーを利用する．

5 キュウリに食塩（NaCl）をまぶしてしばらくすると柔らかくなるが，それはなぜか．

第2章

1 リソソームの内部の pH は 5 以下と低い（水素イオン濃度が高い）が，これはリソソームの機能にとってどのような利点があるか考えよ．

2 リソソームの内部 pH が周囲の pH よりもはるかに低いのはどのような仕組みがリソソームにあるからか．

3 以下の記述は何という細胞小器官の記述か．またその模式図を（a）～（d）から選べ．

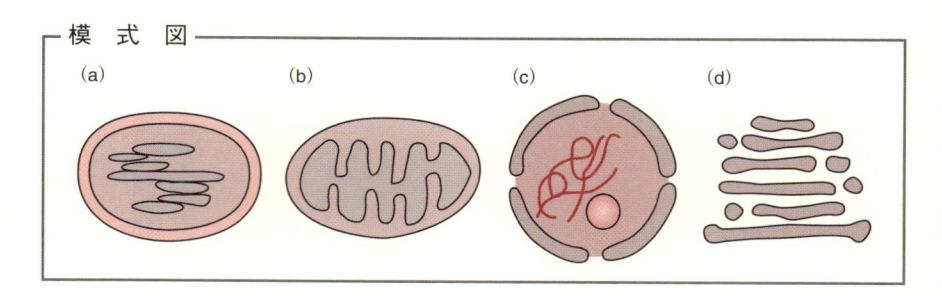

― 模 式 図 ―

(a)　(b)　(c)　(d)

(1) 植物細胞にみられるものであり，二重膜に包まれ，内部に扁平な袋が積み重なるように存在している．
(2) 二重膜に包まれており，内膜はひだ状になっている．
(3) 二重膜に包まれており，その内膜と外膜はところどころで直接つながっている．
(4) 扁平な袋が積み重なった構造をしており，分泌小胞をつくる．

第3章

1 スクロース（ショ糖），ラクトース（乳糖），マルトース（麦芽糖），それぞれの構成単糖は何か．

2 グルコース（ブドウ糖）のみが長くつながった多糖類にはデンプンのほか，何があるか．

3 脂質類は水に溶けにくいのに，なぜ血液中を運搬されることができるのか．

4 人体内で必要量合成されない不飽和脂肪酸を必須脂肪酸とよぶが，どのようなものがあるか．

5 人体内の長鎖脂肪酸のほとんどは炭素数が偶数個である．それはなぜか．

6 人体内でコレステロールから合成される物質をあげよ．

7 人体でのタンパク質消化にかかわる，プロテアーゼ（タンパク質分解酵素）を分泌する臓器としてどのようなものがあるか．

8 ヒトの染色体は何本あるか．

9 mRNAはどんな働きをしているか．

10 生体内でのエネルギーの供給物質であるATP（アデノシン三リン酸）の構造を記せ．

第Ⅱ部　代謝とエネルギー

第4章 エネルギーと酵素反応

Key Words　□異化　□同化　□自発的反応　□高エネルギー化合物
　　　　　　　□アデノシン三リン酸（ATP）　□酵素　□活性化エネルギー

基本問題 4・1　生体反応とエネルギー

以下の記述の空欄に最も適する語句や数値を入れよ．
(1) 自由エネルギーが減少する反応は，エネルギーを放出しながら自発的に進行する．このような反応を（ア　　　）または分解という．
(2) アデノシン二リン酸（ADP）をリン酸化してアデノシン三リン酸（ATP）を生成するエネルギーは，解糖，クエン酸回路，（イ　　　）などから供給される．
(3) ATP は（ウ　　　）箇所の高エネルギー結合を有する．
(4) ATP が有する高エネルギー結合は（エ　　　）同士の結合である．

異化
dissimilation, catabolism

同化
assimilation, anabolism

自由エネルギー
(free energy)：物質の内部エネルギーの中で，仕事に変えることができる部分．

ここが重要

代謝とは生体内における物質変化の総称であり，**異化**（分解）と**同化**（合成）に大別される．物質 A の**自由エネルギー**を $G_{(A)}$，物質 B の自由エネルギーを $G_{(B)}$ とし，A が B に変化するとき，

① $G_{(A)}$ が $G_{(B)}$ より大きい場合：$\Delta G = G_{(B)} - G_{(A)} < 0$ となり，この反応は自発的に（自然に）進行する．このような反応を異化といい，反応の進行とともにエネルギーが産生される．

② $G_{(A)}$ が $G_{(B)}$ より小さい場合：$\Delta G = G_{(B)} - G_{(A)} > 0$ となり，この反応は自発的には進行しない．したがって，この反応を進行させるには外部からのエネルギーが必要になる．このような反応を同化といい，反応の進行とともにエネルギーが消費される．

③ $G_{(A)}$ が $G_{(B)}$ と等しい場合：$\Delta G = G_{(B)} - G_{(A)} = 0$ となり，この反応は見かけ上進行しない．この状態を化学平衡という（図 4・1）．

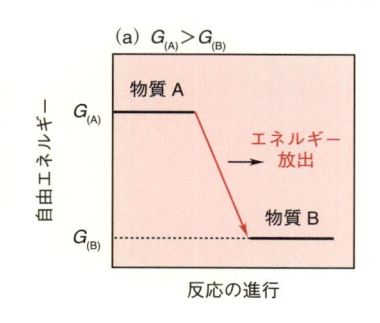

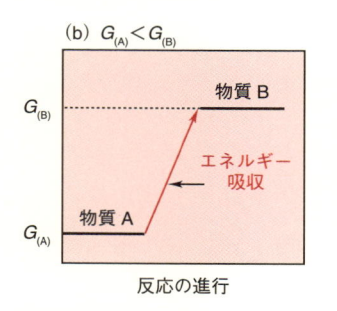

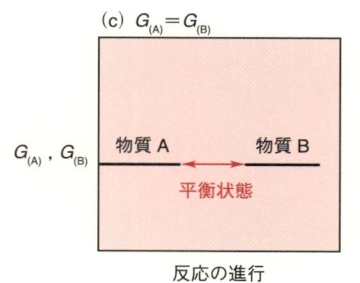

図 4・1　代謝と自由エネルギー

エネルギー運搬体
energy carrier

異化により産生されたエネルギーは，**エネルギー運搬体**とよばれる物質に蓄えられる．蓄えられたエネルギーは，運搬体から容易に放出されるので，同化はそのエネルギーを利用して進行する．

最も重要なエネルギー運搬体である**アデノシン三リン酸（ATP）** は**高エネルギー化合物**の一つであり，エネルギーを蓄え，供給する分子として多くの反応に関与する．ATPの左端の二つのリン酸結合を高エネルギーリン酸結合といい，ここが加水分解されると大きなエネルギーが放出される．ATPはおもにアデノシン二リン酸（**ADP**）のリン酸化により合成されるが，合成に必要なエネルギーは解糖，クエン酸回路，電子伝達系などから供給される（図4・2）．

アデノシン三リン酸（ATP）
adenosine triphosphate

高エネルギー化合物（high energy compound, energy rich compound）：加水分解により自由エネルギーが大きく減少する（大きなエネルギーが放出される）物質．

アデノシン二リン酸（ADP）
adenosine diphosphate

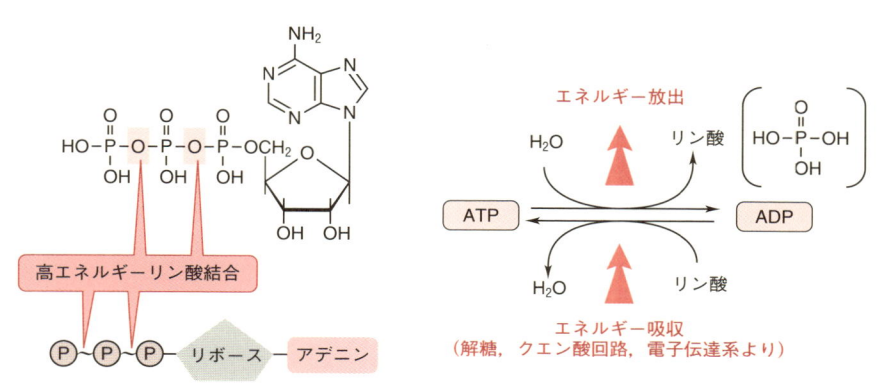

図4・2　ATPの合成と分解

生体はATPのもつ化学エネルギーを熱エネルギー（体温の維持，酵素反応），電気エネルギー（神経伝達），機械的エネルギー（筋肉運動）などに変換して生命活動を行う．

解　答　（ア）異化　（イ）電子伝達系　（ウ）2　（エ）リン酸

RANK up　　ATPのもつエネルギー

生体内には多くのリン酸化合物が存在するが，ATPのもつエネルギーは中程度に位置する（表4・1）．

表4・1　加水分解における標準自由エネルギー変化*

リン酸化合物	標準自由エネルギー変化〔kJ/mol〕
ホスホエノールピルビン酸	−61.9
クレアチンリン酸	−43.1
ATP	−30.5
フルクトース6-リン酸	−15.9
グルコース6-リン酸	−13.8

* 1.0 mol/Lの物質が加水分解されたときのエネルギー変化．この値が負であればエネルギーの放出を，正であればエネルギーの吸収を伴う．

ATPのエネルギーが最上位に位置するのであればATPを生成することが困難になり，また放出されるエネルギーが大き過ぎるため不必要なエネルギーまで消費してしまうことになる．一方，最下位に位置するのであればATPから放出されたエネルギーで他の反応を進行させることが困難になる．このように，ATPはエネルギーを蓄え供給する分子として都合のよい位置にある．

生体は食物から得たエネルギーを使いやすいATPという形に変えて蓄え，必要に応じて使うので，ATPは**エネルギー通貨**ともよばれている．

エネルギー通貨
energy currency

基本問題 4・2 酵素の性質, 役割, 分類

以下の記述の空欄に最も適する語句を入れよ.
(1) 酵素の触媒により化学反応を受け, 構造が変化する物質を（ア　　）という.
(2) ある酵素が特定の基質にしか作用しないことを（イ　　）という.
(3) 補酵素が酵素の活性中心に結合したものを（ウ　　）といい, 補酵素が結合していない酵素を（エ　　）という.
(4) 酵素は反応の平衡定数は変化させないが,（オ　　）を下げて反応の進行を容易にする性質を有する.

ここが重要

a. 性 質　生体における物質の変化は, おもに化学変化によってひき起こされる. 多くの化学変化は酵素によって触媒され, 緩和な反応条件で特異的かつ効率よく進行する. 酵素は一般にタンパク質であり*, タンパク質の構造に起因する以下の性質を有する.

* 一部の RNA 分子は酵素のような触媒活性を有する. このような RNA 分子をリボザイム（ribozyme）という.

変性 denaturation
最適温度 optimum temperature
最適 pH optimum pH
基質特異性 substrate specificity

変性による失活: 熱や有機溶媒によりタンパク質の立体構造が変化して活性が消失する.
最適温度と**最適 pH**: 酵素ごとに最適温度と最適 pH が存在する.
反応特異性と**基質特異性**: 固有の立体構造を有するため, ある特定の反応のみを触媒し, 特定の基質にしか作用しない.

典型的な酵素反応では, 基質は酵素の特定の部位（活性中心）に結合して**酵素−基質複合体**を形成する. 基質は生成物へ変化して酵素から離れ, 酵素はつぎの基質と結合する.

また, 酵素が機能を発揮するために, ある特定の低分子化合物が必要な場合もある. このような低分子化合物を**補酵素**（チアミン二リン酸, ピリドキサールリン酸など）といい, 補酵素が結合していない酵素を**アポ酵素**, 補酵素が酵素の活性中心に結合したものを**ホロ酵素**という（図4・3）.

酵素−生成物複合体 enzyme–product complex
補酵素 coenzyme
アポ酵素 apoenzyme
ホロ酵素 holoenzyme

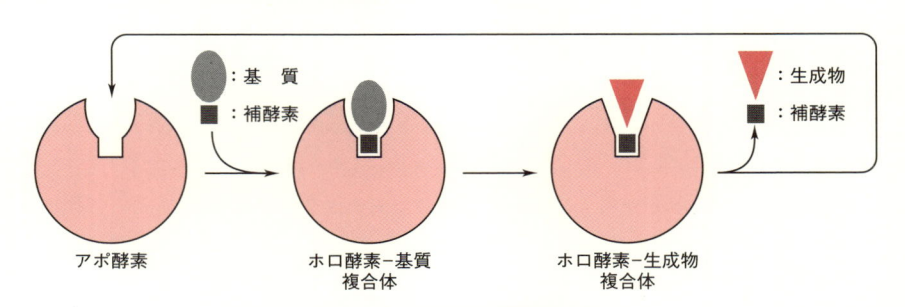

図4・3　典型的な酵素反応

活性化エネルギー activation energy

b. 役 割　生体における酵素の最大の役割は, 特定の化学反応の**活性化エネルギー**を下げて反応の進行を容易にする（反応の速度を上げる）ことである.

一般的に, 物質 A を物質 B に変換する反応を進行させるには, A のエネル

ギーレベルを高める必要がある．そのために加えるエネルギーを活性化エネルギーといい，酵素は活性化エネルギーを下げる作用をもつ*（図4・4）.

したがって，酵素を使用しないで化学反応を進行させるには大きなエネルギー（高温）が必要なのに対して，生体内での酵素反応は体温程度の熱で進行する．

* 物質Aが物質Bに変換される際，放出されるエネルギーは酵素の有無で変わらない点に注意.

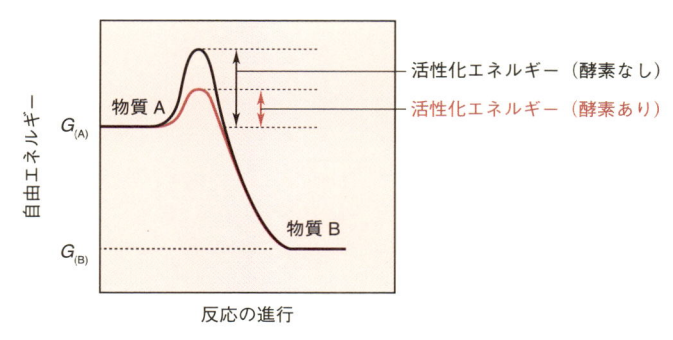

図4・4 酵素による活性化エネルギーの低下

c. 分 類
酵素は反応形式により，6種類に分類される（表4・2）．

表4・2 酵素の分類

分 類	反 応	具 体 例
酸化還元酵素	基質の酸化還元	乳酸脱水素酵素
転移酵素	基質の転移	アミノ基転移酵素
加水分解酵素	水による基質の分解	タンパク質分解酵素
脱離酵素	基質の脱離と結合	アルドラーゼ
異性化酵素	異性体の相互変換	ホスホグルコムターゼ
結合酵素	二つの分子の結合	カルバモイルリン酸合成酵素

酸化還元酵素 oxidoreductase

転移酵素 transferase

加水分解酵素 hydrolase, hydrolytic enzyme

結合酵素 ligase, synthetase

[解 答]　（ア）基質　（イ）基質特異性　（ウ）ホロ酵素　（エ）アポ酵素
（オ）活性化エネルギー

RANK up　　酸化還元酵素

酸化還元酵素は，さらに**脱水素酵素**（デヒドロゲナーゼ），還元酵素（レダクターゼ），酸化酵素，酸素添加酵素，ヒドロペルオキシダーゼなどに分類される．これらの中で解糖やクエン酸回路の脱水素酵素は以下の反応を触媒し，生成した還元型補酵素（**NADH＋H$^+$** や **FADH$_2$**）はミトコンドリアの電子伝達系でATP産生に関与する．

$$AH_2 + NAD^+ \rightleftharpoons A + NADH + H^+, \quad AH_2 + FAD \rightleftharpoons A + FADH_2$$

酸化還元反応における電子の移動は，エネルギーの移動と同じことである．つまり，還元型補酵素は水素イオン（プロトン）と電子を運ぶエネルギー運搬体として機能し，生体はそのエネルギーをATPという形に変換して利用するのである．

脱水素酵素 dehydrogenase

NAD$^+$：ニコチンアミドアデニンジヌクレオチド（nicotinamide adenine dinucleotide）．NAD$^+$ は酸化型，NADH は還元型を示す．

FAD：フラビンアデニンジヌクレオチド（flavin adenine dinucleotide）．FAD は酸化型，FADH$_2$ は還元型を示す．

第5章　代謝の概要

Key Words　□三大栄養素　□消化酵素　□アセチルCoA　□アデノシン三リン酸（ATP）　□クエン酸回路

基本問題5・1　消化吸収

以下の記述の空欄に最も適する語句を入れよ．
(1) 小腸粘膜から吸収される糖は，おもにグルコース，ガラクトース，（ア　　　）の3種類である．
(2) デンプンは多くのグルコース分子が重合したものであり，唾液と膵液中に存在する（イ　　　）により加水分解される．
(3) 食物中のタンパク質は，胃液に含まれる酸性プロテアーゼである（ウ　　　）によりペプチドに分解されて小腸に送られる．
(4) 食物中のトリアシルグリセロールは，小腸で膵リパーゼの作用によりおもに2-モノアシルグリセロールと（エ　　　）に分解される．

栄養素　nutrient

デンプン　starch

ラクトース　lactose

スクロース　sucrose, saccharose

グルコース（glucose）：ブドウ糖ともいう．

* 小腸粘膜から吸収されたガラクトースやフルクトースは，最終的にグルコース代謝系に合流する．

トリアシルグリセロール（triacyl glycerol）：トリグリセリドともいう．

乳化（emulsification）：水と油を混ぜ合わせて白濁した均一溶液にすること．

脂肪酸　fatty acid

ここが重要

動物は，エネルギー源として利用する物質や体成分の原料となる物質を食物から摂取する．特に重要な食物成分は糖質，脂質，タンパク質であり，これらを**三大栄養素**という．

a. 糖　質　主要なエネルギー源であり，脂質，タンパク質の合成原料にもなる．食物中のおもな糖質は，**デンプン**，**ラクトース**（乳糖），**スクロース**（ショ糖）などである．デンプンは，唾液や膵液中のα-アミラーゼ，小腸粘膜から分泌されるマルターゼにより**グルコース**にまで分解される．また，乳糖はラクターゼによりグルコースとガラクトースに，ショ糖はスクラーゼによりグルコースとフルクトースに分解される．

これらの単糖（グルコース，ガラクトース，フルクトース）は小腸粘膜から吸収され，肝門脈を経て肝臓に運ばれる*（図5・1）．

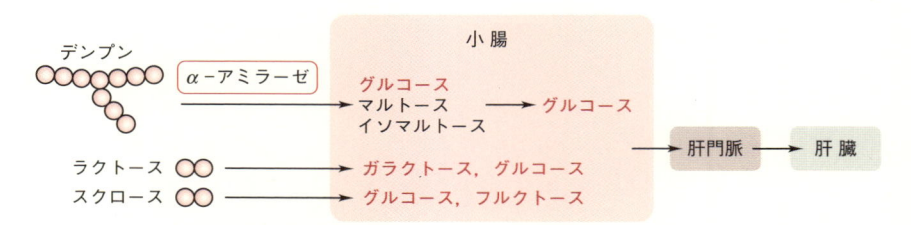

図5・1　糖質の分解と吸収　赤字の糖質は小腸で吸収される．

b. 脂　質　主要なエネルギー源であり，リン脂質などとして細胞膜の構成成分にもなる．食物中のおもな脂質は，**トリアシルグリセロール**やコレステロールである．トリアシルグリセロールは，胆汁により**乳化**された後，膵リパーゼにより小腸内でモノアシルグリセロールと**脂肪酸**に分解される．

小腸粘膜から吸収されたモノアシルグリセロールと脂肪酸は，細胞内で再びトリアシルグリセロールに再構成される．トリアシルグリセロールは，タンパク質との複合体（キロミクロン）を形成し*，リンパ管を経て血中に移行する．血中のトリアシルグリセロールは，リポタンパク質リパーゼによりグリセロールと脂肪酸に分解され各細胞に取込まれる（図5・2）．

* 水に溶けにくい脂質が血液中に安定に存在するためには，特定のタンパク質と結合する必要があり，脂質とタンパク質の複合体を**リポタンパク質**という．

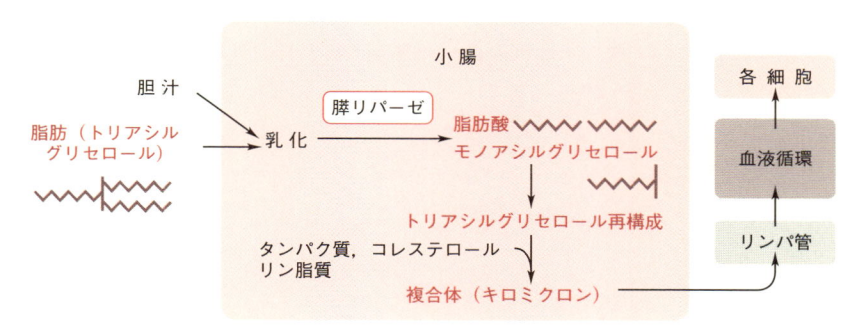

図5・2 脂質の分解と吸収

c. タンパク質 構成成分であるアミノ酸に分解された後，各種タンパク質に再構成される．また，さらに分解されてエネルギー源として利用されたり，糖質，脂質，核酸などの合成原料となる．

食物中のタンパク質は，胃のペプシンや膵液中のトリプシンなどの**プロテアーゼ**（タンパク質分解酵素）や腸管内の**ペプチダーゼ**によりアミノ酸にまで分解される．アミノ酸は小腸粘膜から吸収され，糖質と同様に肝門脈を経て肝臓に運ばれる（図5・3）．

プロテアーゼ protease

ペプチダーゼ（peptidase）：一般にタンパク質を大まかに分解して小さなペプチドを生成するものをプロテアーゼ，ペプチドをアミノ酸にまで分解するものをペプチダーゼというが，両者の分類は明確ではない．

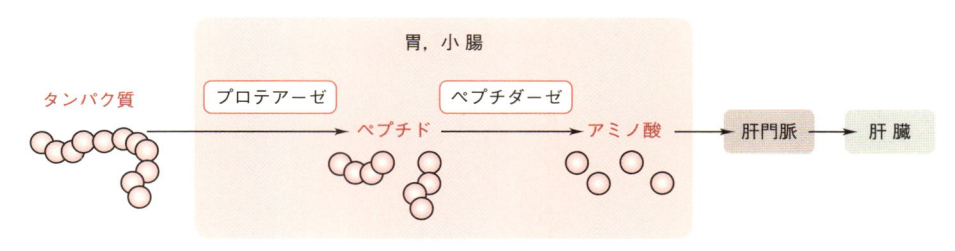

図5・3 タンパク質の分解と吸収

[解 答] （ア）フルクトース （イ）α-アミラーゼ （ウ）ペプシン （エ）脂肪酸

基本問題 5・2 アセチル CoA の役割

以下の記述の空欄に最も適する語句を入れよ．
(1) 糖質，脂質，タンパク質の共通の代謝産物である（ア　　　）は，クエン酸回路と電子伝達系で処理されて多くの ATP が生成する．
(2) 補酵素 A（CoA）の末端の（イ　　　）基がアセチル化されたものをアセチル CoA という．
(3) アセチル CoA は，核酸のプリン塩基である（ウ　　　）を含むヌクレオチド誘導体である．

32　第Ⅱ部　代謝とエネルギー

(4) アセチル CoA は高エネルギー（エ　　）結合を有し，この結合が加水分解されると大きなエネルギーが放出される．

アセチル CoA
acetyl-coenzyme A

補酵素 A（coenzyme A）：通常，CoA または末端に遊離の（結合していない）チオール基を含むことを示すために **CoA-SH** と書く．図5・4 に示すように，CoA はアデニン，リボース，リン酸，パントテン酸，チオエタノールアミンから構成されている．

ここが重要

　糖質，脂質，タンパク質の共通した重要な役割は，エネルギー源となることである．これらの栄養素はすべて代謝されて**アセチル CoA** を生成する．アセチル CoA は，**補酵素 A** の末端のチオール基（−SH 基）がアセチル化されたものであり，アセチル基供与体として種々の物質のアセチル化に関与する．

　また，アセチル CoA のアセチル基はクエン酸回路や電子伝達系で水と二酸化炭素にまで分解される．この過程で産生されるエネルギーが，"エネルギー通貨"である ATP に変換されて種々の反応に利用される（図5・4）．

アシル CoA（acyl-coenzyme A）：脂肪酸の CoA エステル．

高エネルギーチオエステル結合（high-energy thioester bond）：この結合が加水分解されると大きなエネルギーが放出されるので，そのエネルギーでアセチル基を他の化合物に転移させることができる．

＊ 脂肪酸やコレステロールの合成については，第9章を参照．

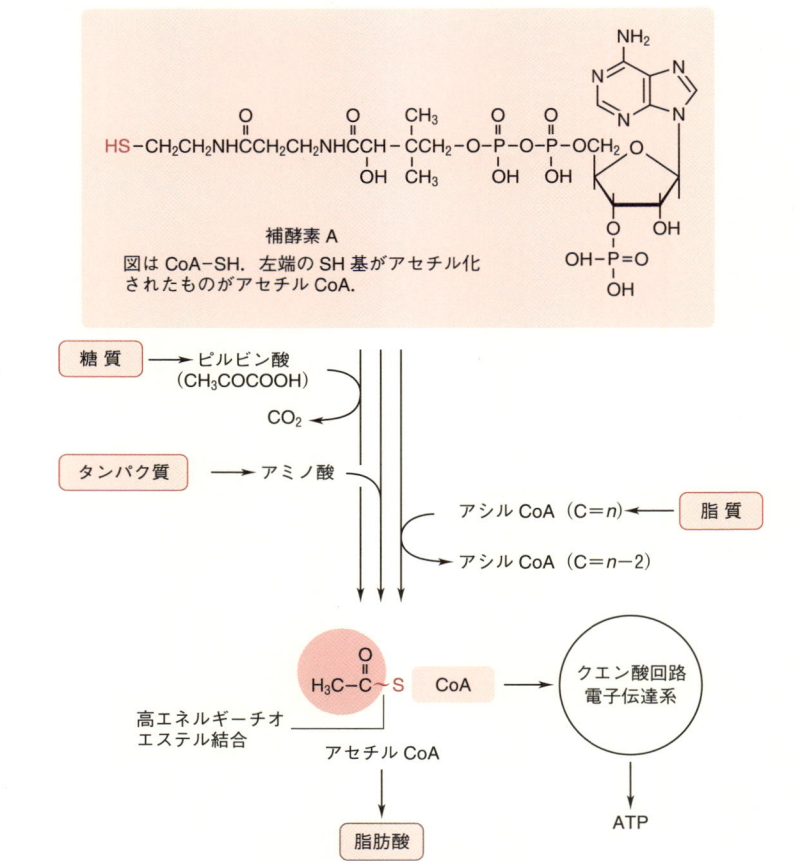

図5・4　アセチル CoA の生成と利用

　しかし，安静時や食物摂取時など ATP が十分存在する場合，アセチル CoA は脂肪酸やコレステロールの合成に利用される＊．

解答　（ア）アセチル CoA　（イ）チオール（−SH）　（ウ）アデニン　（エ）チオエステル

RANK up　　アセチル CoA とケトン体

　急激なダイエットなどで糖質の供給量が低下し，血糖値が下がるとエネルギー不足を補うために脂肪細胞に貯蔵してあるトリアシルグリセロールの分解が促進され，多くのアセチル CoA が生成する．

　しかし，クエン酸回路が円滑に進行するためにはグルコースから生成する**オキサロ酢酸**が必要であり，グルコースが不足するとオキサロ酢酸の供給量も低下するためアセチル CoA がクエン回路へ導入されにくくなる．エネルギー不足の場合，クエン酸回路で処理されないアセチル CoA は，脂肪酸やコレステロールよりも**ケトン体**（アセト酢酸，3-ヒドロキシ酪酸，アセトン）に変換される（図 5・5）．

オキサロ酢酸　oxaloacetic acid

ケトン体　ketone body

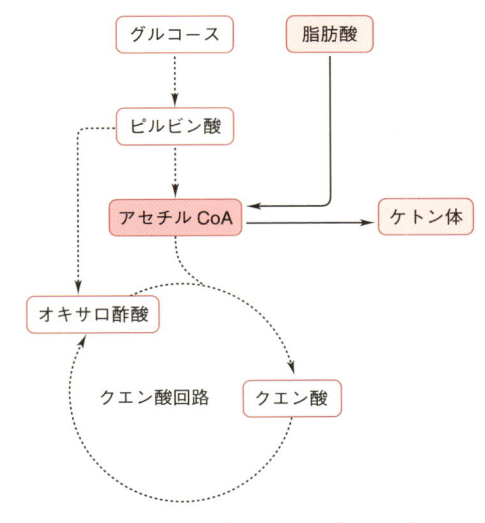

図 5・5　アセチル CoA とケトン体

　ケトン体は脳や筋肉のエネルギー源となり得るが，過剰量のケトン体は生体にとって有害である*．

* 過剰量のケトン体の有害性については，基本問題 9・1 を参照．

第6章 解　糖

Key Words　　□解糖　□ピルビン酸　□乳酸　□アセチルCoA
　　　　　　　　□アデノシン三リン酸（ATP）

基本問題 6・1　解糖の概要と特徴

以下の記述の空欄に最も適する語句や数値を入れよ．
(1) グルコースを分解してピルビン酸や（ア　　）を生成する過程を解糖という．
(2) 解糖により1分子のグルコースから（イ　　）分子のピルビン酸が生成する．
(3) 解糖に関与する酵素群は（ウ　　）に局在している．
(4) 解糖は好気的状態でも（エ　　）的状態でも進行する．

ピルビン酸　pyruvic acid
$CH_3COCOOH$

乳　酸　lactic acid
$CH_3CH(OH)COOH$

解　糖　glycolytic pathway

細胞質基質（cytoplasmic matrix）：細胞質ゾル（cytosol）ともいう．

好気的（aerobic）：酸素が存在すること．

嫌気的（anaerobic）：酸素が存在しないこと．

ここが重要

　グルコースを分解して，**ピルビン酸**や**乳酸**を生成する代謝経路を**解糖**または**解糖系**という．解糖の反応はすべて**細胞質基質**で起こる．解糖系は大腸菌からヒトに至るまで多くの生物種に保存されており，生物における最も基本的な代謝経路の一つである．

　解糖には酸素を必要とする反応が存在しないので，この経路は**好気的**状態だけでなく**嫌気的**状態でも進行する．好気的解糖の最終産物はピルビン酸であり，嫌気的解糖の最終産物は乳酸である．

　好気的解糖　グルコース ＋ 2 NAD$^+$ ＋ 2 ADP ＋ 2 リン酸
　　　　　　→ 2 ピルビン酸 ＋ 2 NADH ＋ 2 H$^+$ ＋ 2 ATP ＋ 2 H$_2$O
　嫌気的解糖　グルコース ＋ 2 ADP ＋ 2 リン酸 → 2 乳酸 ＋ 2 ATP ＋ 2 H$_2$O

解　答　　（ア）乳酸　（イ）2　（ウ）細胞質基質　（エ）嫌気

基本問題 6・2　エネルギーの生成

以下の記述の空欄に最も適する語句や数値を入れよ．
(1) 解糖やクエン酸回路でのATP生成を（ア　　）レベルのリン酸化という．
(2) 1分子のグルコースが2分子のピルビン酸に代謝される過程で，差引き（イ　　）分子のATPが生成する．
(3) 解糖により生じたNADH＋H$^+$は，好気的状態では（ウ　　）に存在する電子伝達系に運ばれてATP生成に用いられる．

ATP（adenosine triphosphate：アデノシン三リン酸）：第4章を参照．

NADH（nicotinamide adenine dinucleotide：還元型ニコチンアミドアデニンジヌクレオチド）：酸化型はNAD$^+$．

ここが重要

　解糖は，グルコースを分解しながらグルコースがもつエネルギーを生体が使いやすい形（ATPやNADH＋H$^+$）に変換する代謝経路である．1分子のグルコースが2分子のピルビン酸や乳酸に代謝される過程で，差引き2分子のATPが生成する(全体として4分子のATPが生成するが，2分子のATPが消費されるため)．

第6章 解　糖　35

解糖の反応はすべて細胞質基質中で起こるが，好気的解糖では2分子のNADH+H$^+$が生成するので，これらはミトコンドリアの**電子伝達系**に輸送されてATP生成に用いられる．解糖でのATP生成を**基質レベルのリン酸化**，電子伝達系でのATP生成を**酸化的リン酸化**という[*1]．

嫌気的解糖では，生成したNADH+H$^+$はピルビン酸の乳酸への変換に用いられてNAD$^+$が再生される．これによりNAD$^+$不足が解消され，解糖が円滑に続行される（図6・1）．

電子伝達系 electron transport system

基質レベルのリン酸化 substrate-level phosphorylation

酸化的リン酸化 oxidative phosphorylation

[*1] 第7章を参照．

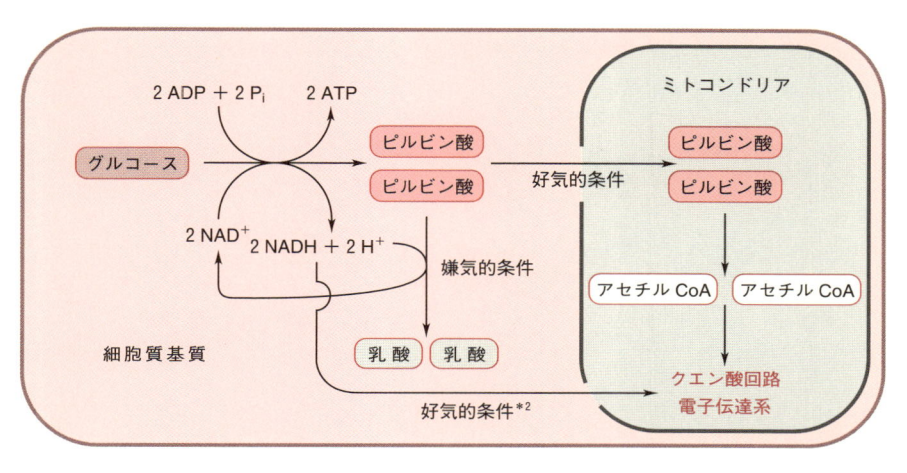

図6・1　解糖の概要とエネルギー生成

[*2] 細胞質基質に存在するNADHは，そのままの形ではミトコンドリア膜を通過できない．そこで，シャトルという特別な輸送方法を用いてNADHのH$^+$をミトコンドリア内に輸送する．

解　答　（ア）基質　（イ）2　（ウ）ミトコンドリア

基本問題 6・3　ピルビン酸の変換

以下の記述の空欄に最も適する語句を入れよ．
(1) 解糖により生じたNADH+H$^+$は，嫌気的状態ではピルビン酸が（ア　　）に還元される反応に共役することによりNAD$^+$に再酸化される．
(2) 好気的状態ではピルビン酸はミトコンドリアに運ばれ，酸化的脱炭酸反応により（イ　　）が生成する．
(3) ピルビン酸の酸化的脱炭酸反応には，補酵素として（ウ　　）やNAD$^+$が必要である．

ここが重要

解糖により生成したピルビン酸は，上記のように嫌気的状態では乳酸に変換される[*3]．この反応は**乳酸デヒドロゲナーゼ**により触媒されるが，この酵素活性は筋肉など酸素が不足しがちな臓器では強く，心臓など酸素が豊富な臓器では弱い．

ピルビン酸 + HADH + H$^+$ → 乳酸 + NAD$^+$

一方，好気的状態では乳酸生成速度は著しく低下してピルビン酸はミトコンドリアに輸送され，ピルビン酸デヒドロゲナーゼ複合体と補酵素（**CoA**，NAD$^+$，

[*3] 一部の微生物は，ピルビン酸をエタノールに変換する．嫌気的解糖により乳酸やエタノールが生成する過程を**発酵**という．

乳酸デヒドロゲナーゼ lactate dehydrogenase

CoA（補酵素A） coenzyme A

*1 ビタミンB_1の補酵素型．

アセチル CoA
acetyl-coenzyme A
$CH_3CO\sim S-CoA$

チアミン二リン酸*1 など）により酸化的脱炭酸反応を受けてアセチル CoA へ代謝される．

$$ピルビン酸 + NAD^+ + CoA \rightarrow アセチル CoA + NADH + H^+ + CO_2$$

解答　（ア）乳酸　（イ）アセチル CoA　（ウ）補酵素 A（CoA）

RANK up　　解糖と糖新生

解糖は以下の反応で構成され（図 6・2），糖質代謝の中心的経路として他の代謝系とも密接に関連する．

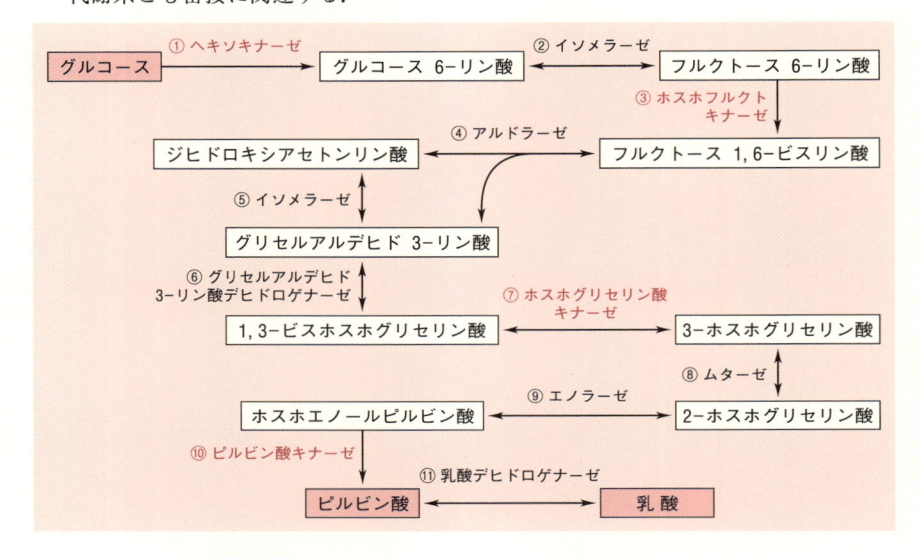

図 6・2　解糖の全反応　①と③は ATP 消費反応，⑦と⑩は ATP 生成反応．

フルクトース 1,6－ビスリン酸は，アルドラーゼによりジヒドロキシアセトンリン酸とグリセルアルデヒド 3－リン酸に分解される．ジヒドロキシアセトンリン酸はイソメラーゼによりグリセルアルデヒド 3－リン酸に変換されるので，これ以降の分子は実質上すべて 2 分子生成することになる．

可逆的　reversible
不可逆的　irreversible

糖新生　gluconeogenesis
*2 血糖値の調節については第 8 章を参照．

①，③，⑩以外の反応は**可逆的**であり，基質量の変動に応じて同一酵素が両方向の反応を触媒する．①，③，⑩はエネルギー的に**不可逆**な反応であるため，逆方向に進行させる場合は別の酵素（①，③）や迂回路（⑩）を用いる．このように解糖を逆行して，グルコース以外の化合物（アミノ酸や乳酸など）からグルコースを合成することを**糖新生**という．血中グルコース量は，糖新生やグリコーゲンの合成や分解により厳密に調節されている*2．

第7章 クエン酸回路と電子伝達系

Key Words　　□クエン酸回路　　□アセチルCoA　　□脱水素酵素　　□NADH　　□FADH$_2$
　　　　　　　　□電子伝達系　　□酸化的リン酸化

基本問題7・1　クエン酸回路の概要と特徴

以下の記述の空欄に最も適する語句を入れよ．
(1) クエン酸回路に関与する酵素はすべて（ア　　）内に存在する．
(2) オキサロ酢酸と（イ　　）からクエン酸が生成する．
(3) クエン酸回路の反応により，アセチルCoAのアセチル基は酸化されて2分子の（ウ　　）が生成する．
(4) クエン酸回路の各種（エ　　）酵素により，1分子のアセチルCoAから3分子のNADH+H$^+$と1分子のFADH$_2$が生成する．

ここが重要

　解糖系により生成したピルビン酸は，好気的条件下では酸化的脱炭酸反応を受けて**アセチルCoA**が生成する*1．アセチルCoAは**オキサロ酢酸**と反応して**クエン酸**となり，種々の化合物を経て最終的にオキサロ酢酸に再生され回路を形成する（図7・1）．この回路を**クエン酸回路**といい，おもに以下の二つの役割を有する．

① アセチルCoAのアセチル基を酸化して二酸化炭素を生成する．この過程で，酸化型補酵素（NAD$^+$，FAD）を還元型補酵素（NADH+H$^+$，FADH$_2$）に変換する．
② 種々の代謝（糖質，脂質，アミノ酸）の接点となり，相互の変換を可能にする*2．

アセチルCoA
acetyl-coenzyme A

*1 解糖については第6章を参照．

オキサロ酢酸
oxaloacetic acid

クエン酸　citric acid

クエン酸回路（citric acid cycle）：クレブス回路，トリカルボン酸（TCA）回路ともいう．

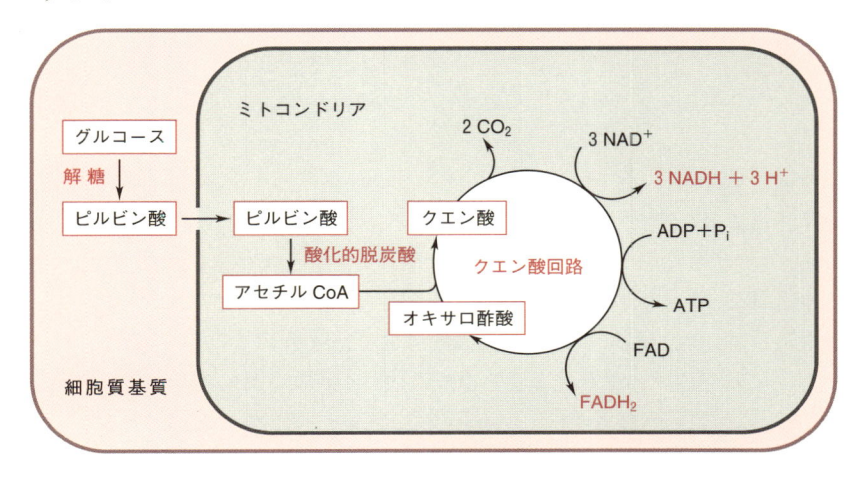

*2 クエン酸回路は，糖質，脂質，アミノ酸代謝の交差点になり，合成経路（**同化**）と分解経路（**異化**）の仲介経路として働く．このような仲介経路を**両性経路**という．たとえば，アミノ酸の分解により生成したオキサロ酢酸からグルコースを合成したり（**糖新生**），反対にグルコースの分解により生成したオキサロ酢酸からアミノ酸を合成することができる．

図7・1　糖質代謝とクエン酸回路

　クエン酸回路は好気的状態で進行する代謝経路であり，反応に関与する酵素はすべてミトコンドリア内に存在する．回路の各種**脱水素酵素**により生成した還元

脱水素酵素
dehydrogenase

電子伝達系 electron transport chain

型補酵素はミトコンドリアの内膜に存在する**電子伝達系**に運ばれ，多くのATPが産生される（図7・2）．

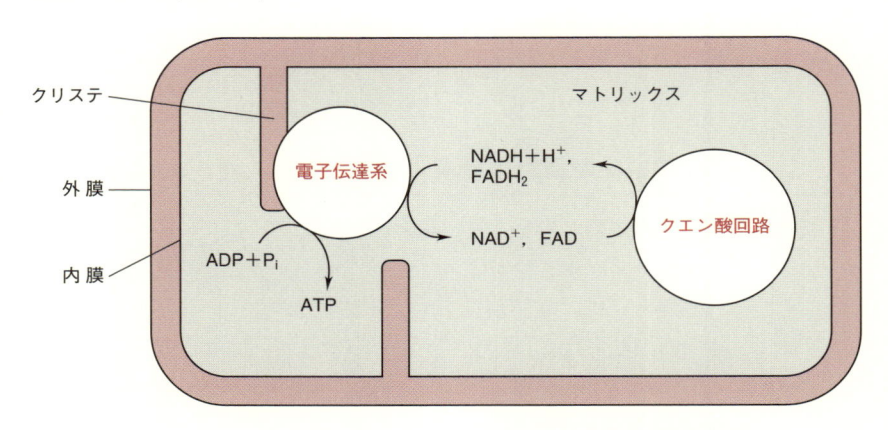

図7・2 ミトコンドリアのクエン酸回路と電子伝達系

また，クエン酸回路には解糖系と同様な**基質レベルのリン酸化**によるATP生成反応が1箇所存在するので*1，クエン酸回路の諸反応は以下のようにまとめることができる．

*1 クエン酸回路における基質レベルのリン酸化反応は，スクシニルCoAからコハク酸が生成する過程で起こる．

$$\text{アセチル CoA} + 3\,NAD^+ + FAD + ADP + P_i + 2\,H_2O$$
$$\rightarrow CoA + 3\,NADH + 3\,H^+ + FADH_2 + ATP + 2\,CO_2$$

[解 答] （ア）ミトコンドリア （イ）アセチルCoA （ウ）CO_2 （エ）脱水素

基本問題7・2　電子伝達系の概要と特徴

以下の記述の空欄に最も適する語句を入れよ．
(1) 解糖系やクエン酸回路で生成した（ア　　　）および$FADH_2$は，好気的状態では電子伝達系で再酸化される．
(2) 電子伝達の過程で生じたH^+の濃度勾配を利用し，ADPをリン酸化してATPを生成する過程を（イ　　　）的リン酸化という．
(3) 電子伝達系に関与する酵素や補酵素は，すべてミトコンドリアの（ウ　　　）に存在する．
(4) 電子伝達系における電子の最終的な受容体は（エ　　　）である．

ここが重要

解糖やクエン酸回路で生じた還元型補酵素（**NADH**+H^+*2や**$FADH_2$**）は，ミトコンドリアの内膜に存在する脱水素酵素により酸化されて電子が生成する．

*2 生体内でNAD^+が還元されてNADHが生成する場合，同時にH^+も生じるので，NADH+H^+と書く．右の反応式の逆反応．

$$NADH + H^+ \rightarrow NAD^+ + 2\,H^+ + 2\,e^-$$
$$FADH_2 \rightarrow FAD + 2\,H^+ + 2\,e^-$$

生じた電子やH^+は，内膜に存在する一連の酵素や補酵素（電子伝達体）を経て最終的に酸素に渡されて水が生成する．

$$1/2\,O_2 + 2\,H^+ + 2\,e^- \rightarrow H_2O$$

電子が酵素や電子伝達体間でやり取りされる過程で，**マトリックス**からミトコンドリア内膜と外膜の膜間スペースに H^+ がくみ出され，内膜を隔てて H^+ の濃度勾配が生じる．これらの過程を**電子伝達系**または**呼吸鎖**という．

この濃度勾配を化学ポテンシャルとして利用して，ATP 合成酵素が ADP とリン酸から ATP を合成する（図 7・3）．

マトリックス　matrix

電子伝達系　electron transport chain

呼吸鎖　respiratory chain

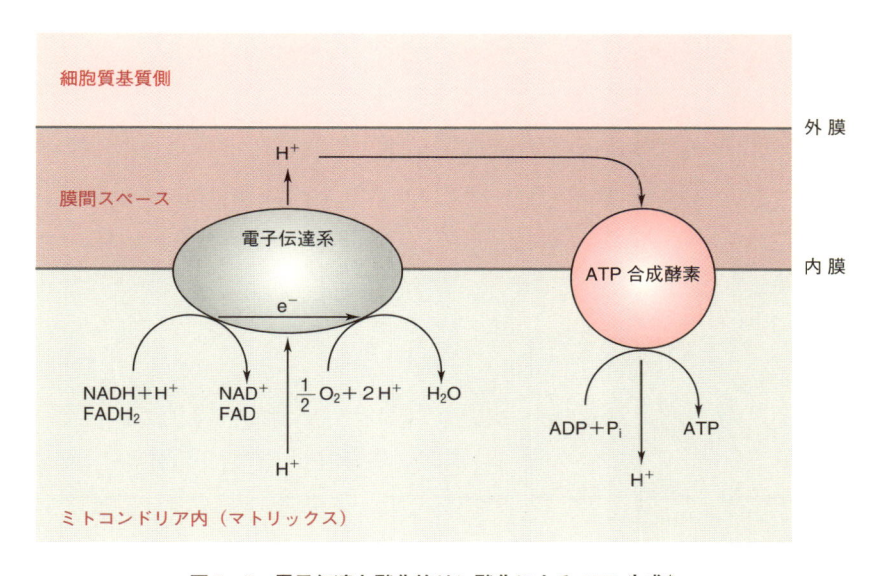

図 7・3　電子伝達と酸化的リン酸化による ATP 生成*

* 図 7・3 の H^+ の濃度勾配を利用した ATP 生成を**化学浸透圧説**という．

電子伝達系を利用した ATP 生成を**酸化的リン酸化**という．グルコース 1 分子から生成する ATP 数は，基質レベルのリン酸化よりも酸化的リン酸化の方が圧倒的に多い．

したがって，解糖や発酵など酸素を必要としない嫌気的代謝に比べて，クエン酸回路と呼吸鎖を利用した好気的代謝ではより多くの ATP を獲得することができる．

酸化的リン酸化　oxidative phosphorylation

解答　（ア）$NADH+H^+$　（イ）酸化　（ウ）内膜　（エ）酸素

RANK up　　クエン酸回路

クエン酸回路は以下の反応で構成され，糖質代謝だけでなく脂質代謝やアミノ酸代謝の接点として機能する（図 7・4）．

クエン酸回路の反応（図 7・4, ③～⑪）のうち，$NADH+H^+$ が生成するのは⑤，⑦，⑪であり，$FADH_2$ が生成するのは⑨である．基質レベルでのリン酸化による ATP 生成は⑧で起こる．

クエン酸回路で生成した還元型補酵素（$NADH+H^+$ や $FADH_2$）から生じた

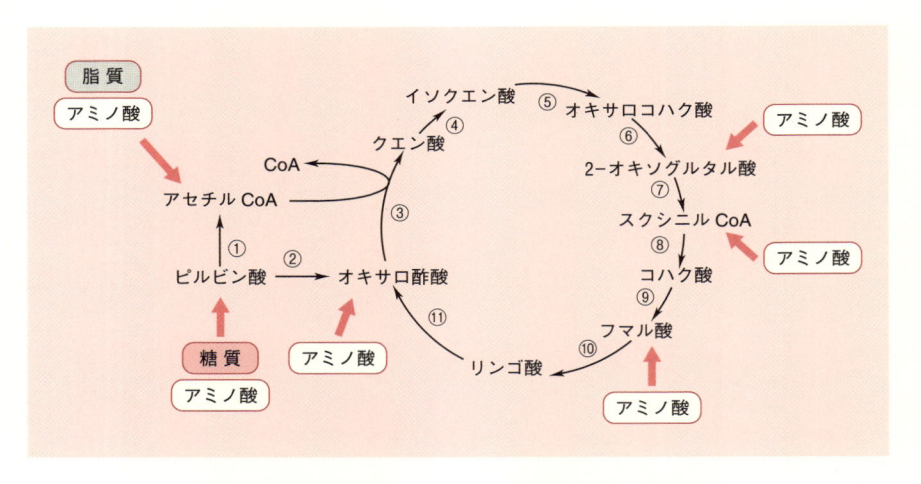

図7・4 糖質，脂質，アミノ酸代謝とクエン酸回路

① ピルビン酸デヒドロゲナーゼ複合体
② ピルビン酸カルボキシラーゼ
③ クエン酸シンターゼ
④ アコニターゼ
⑤,⑥ イソクエン酸デヒドロゲナーゼ
⑦ 2-オキソグルタル酸デヒドロゲナーゼ複合体
⑧ コハク酸チオキナーゼ
⑨ コハク酸デヒドロゲナーゼ
⑩ フマラーゼ
⑪ リンゴ酸デヒドロゲナーゼ

* 複合体Ⅰ～Ⅳ
Ⅰ: NADH-Q オキシドレダクターゼ
Ⅱ: コハク酸-Q レダクターゼ
Ⅲ: Q-シトクロム c オキシドレダクターゼ
Ⅳ: シトクロム c オキシターゼ

電子が，一連の電子伝達体(複合体Ⅰ～Ⅳ*)を経て，最終的に酸素に渡される（図7・3）.

第8章 血糖値の調節

Key Words　□ グリコーゲン　□ 加リン酸分解　□ 糖新生　□ 乳酸回路
　　　　　　　□ インスリン　□ アドレナリン

基本問題 8・1　グリコーゲンの合成と分解

以下の記述の空欄に最も適する語句を入れよ．
(1) グリコーゲンは，おもに筋肉や（ア　　）に存在する．
(2) グルコースは（イ　　）として活性化された後，グリコーゲンに結合してグルコースが1分子伸長したグリコーゲンが生成する．
(3) グリコーゲンは（ウ　　）により加リン酸分解され，グルコース 1-リン酸が生成する．
(4) グリコーゲンの分解により生成したグルコース 1-リン酸は，（エ　　）に変換された後，解糖系に入るか，脱リン酸されてグルコースとなる．

ここが重要

グリコーゲンは，α1→4 結合で直鎖状に連結した 12〜14 個のグルコース鎖が α1→6 結合で多数分岐した構造である．グリコーゲンは動物のグルコース貯蔵型であり[*1]，筋肉や肝臓に多く存在している．

グリコーゲン合成はグリコーゲン鎖に新たなグルコース分子が付加していく過程であり，分解はグリコーゲン鎖からグルコース分子が切離される過程である（図8・1）．合成と分解は，別経路の別酵素により独立して行われる．

グリコーゲン　glycogen

[*1] 植物におけるグルコース貯蔵型は，デンプンである．

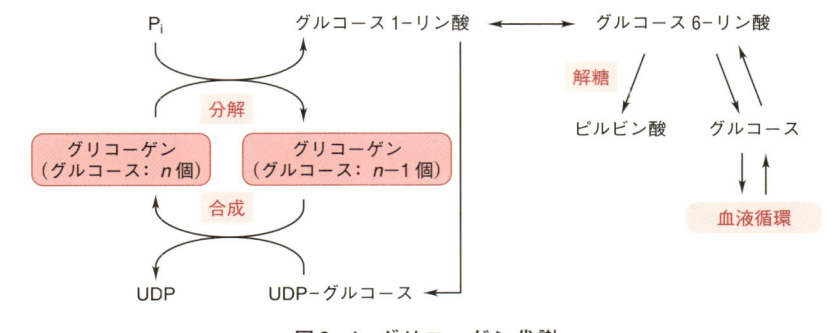

図8・1　グリコーゲン代謝

ウリジン二リン酸グルコース（uridine diphosphate-glucose）: UDP-グルコース

a. 合成　グルコースは**ウリジン二リン酸グルコース（UDP-グルコース）**として活性化された後，グリコーゲン合成酵素によりグリコーゲン鎖の末端に α1→4 結合で結合し，グリコーゲン鎖は直鎖状に延長していく[*2]．

グルコース ＋ ATP → グルコース 6-リン酸 → グルコース 1-リン酸
グルコース 1-リン酸 ＋ UTP → **UDP-グルコース** ＋ PP$_i$

[*2] グリコーゲン合成酵素はグリコーゲンにグルコースを α1→4 結合で結合させ，1分子長いグリコーゲンが生成する．α1→6 結合による分枝構造は，別酵素により形成される．

グリコーゲンホスホリラーゼ
glycogen phosphorylase

加リン酸分解（phosphorolysis）: 無機リン酸を用いて基質を分解し，分解物の一方にリン酸を付加する反応．

b. 分解　グリコーゲンホスホリラーゼによりグリコーゲンが**加リン酸分解**され，グルコースが1分子短くなったグリコーゲンとグルコース 1-リン酸が

生成する．グルコース 1-リン酸はグルコース 6-リン酸に変換された後，解糖系に入るか，脱リン酸されてグルコースとなる．

[解答]　（ア）肝臓　（イ）UDP-グルコース　（ウ）グリコーゲンホスホリラーゼ　（エ）グルコース 6-リン酸

基本問題 8・2　糖新生の概要と特徴

以下の記述の空欄に最も適する語句を入れよ．
(1) 糖新生は，一部の反応を除いて（ア　　）を逆行することにより行われる．
(2) 糖新生の基質としては，乳酸，ピルビン酸，（イ　　）などが用いられる．
(3) 肝臓は，グルコース 6-リン酸から（ウ　　）を除くグルコース 6-ホスファターゼをもつので血中グルコース濃度の調節に深く関与する．
(4) 乳酸デヒドロゲナーゼは（エ　　）を乳酸に変換するだけでなく，乳酸を（エ　　）に変換する機能ももつ．

ここが重要

糖新生　gluconeogenesis

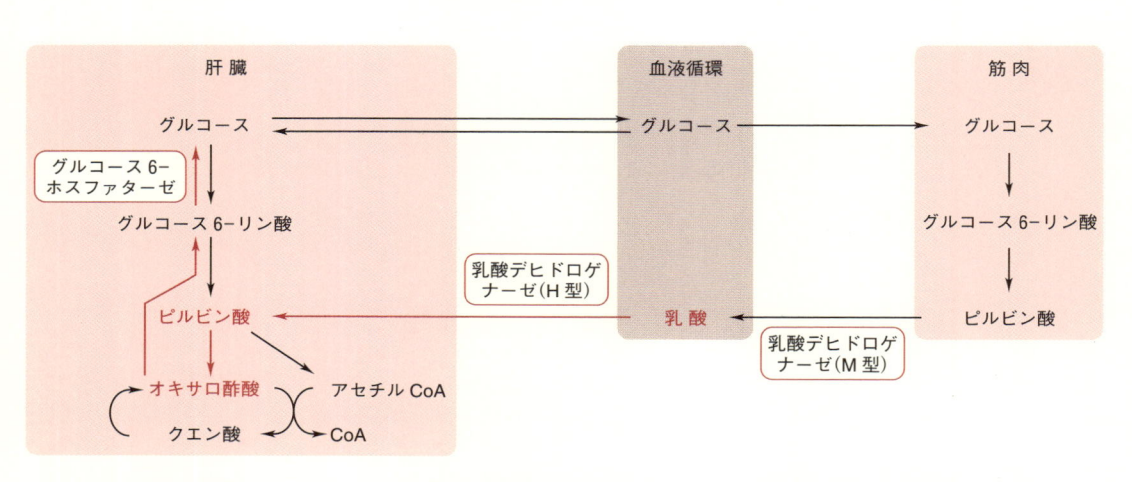

糖以外の物質（乳酸，ピルビン酸，オキサロ酢酸など）からグルコースを生成することを**糖新生**という（図 8・2）．

図 8・2　糖新生と乳酸回路　←は糖新生経路を示す．オキサロ酢酸からグルコースを生成する経路は，ピルビン酸を迂回すること，肝臓はグルコース 6-ホスファターゼをもつので，血中グルコース濃度を調節する機能をもつことに注意する．

乳酸回路　lactic acid cycle

乳酸アシドーシス（lactic acidosis）：乳酸の血中濃度が上昇し，体の pH が酸性に傾くこと．筋肉痛や筋肉の痙攣など種々の症状が出る．

* 第 6 章 RANK up "解糖と糖新生" を参照．

ピルビン酸やオキサロ酢酸は，おもにアミノ酸の分解により供給される．また，嫌気的解糖により筋肉などで生成した乳酸は，肝臓に運ばれて糖新生により再度グルコースに変換され，血液循環を通して他の組織に運ばれる．この経路を**乳酸回路**といい，**乳酸アシドーシス**を防ぐ役割も有する．

糖新生は，基本的には解糖の逆行である．しかし，解糖のいくつかの反応はエネルギー的に不可逆であり，単純に逆行させることはできない．そこで，解糖とは別の酵素を用いたり，迂回路を利用したりしてこれらの反応を逆行させる*．

特に，"グルコース 6-リン酸 → グルコース"の反応を触媒する**グルコース 6-ホスファターゼ**は，肝臓と腎臓のみに存在し血糖値の調節に深く関与する[*1].

[解答]　（ア）解糖　（イ）オキサロ酢酸　（ウ）リン酸　（エ）ピルビン酸

グルコース 6-ホスファターゼ　glucose 6-phosphatase

[*1] 第 8 章 RANK up "グリコーゲンの役割と調節"を参照.

基本問題 8・3　ホルモンによる代謝調節

以下の記述の空欄に最も適する語句を入れよ．
(1) 筋肉のグリコーゲンはおもにエネルギー供給源として働いているが，（ア　　）のグリコーゲンはおもに血糖値の維持に関与している．
(2) グルカゴンや糖質コルチコイドは，ピルビン酸カルボキシラーゼやグルコース 6-ホスファターゼの発現量を増加させて（イ　　）を促進する．
(3) グルカゴンやアドレナリンは，（ウ　　）分解を促進して血糖値を上昇させる．
(4) ある種のグルコース輸送体（GLUT4）は（エ　　）により活性化され，細胞内へのグルコースの取込みが促進される．

ここが重要

血中グルコース濃度（血糖値）は，

① **グルコース輸送体**による血中グルコースの細胞内への取込み
② グリコーゲンの合成と分解
③ 解糖と糖新生

などの要因により変動するが，通常は**インスリン**や**グルカゴン**などのホルモンにより厳密に調節され，常に一定の値が保たれている（表 8・1）．

グルコース輸送体（glucose transporter）：グルコーストランスポーターともいう．GLUT と略記する．GLUT1, GLUT2 など種々の GLUT が存在する．

インスリン　insulin

グルカゴン　glucagon

表 8・1　血糖値の調節に関与するホルモン

血糖値	ホルモン
上　昇	アドレナリン，グルカゴン，糖質コルチコイド
低　下	インスリン

しかし，何らかの要因により血糖値が持続的に低下すると，神経系が深刻なダメージを受けて脳機能障害や昏睡に至る．反対に糖尿病患者などでは血糖値が上昇し[*2]，腎尿細管でのグルコース再吸収能力を超えて尿中に排泄される．

① グルコースは**単純拡散**により細胞内に浸透するのではなく，特異的な輸送体を介して細胞内に取込まれる（**促進拡散**）．ある種のグルコース輸送体[*3]は，インスリンにより細胞表面に移動することにより細胞内へのグルコースの取込みが促進される．
② グリコーゲンは単に余剰グルコースの貯蔵だけでなく，血液中のグルコース濃度（血糖値）の調節にも深く関与している．アドレナリンやグルカゴンは，グリコーゲン合成を抑制するとともに分解を促進し，血糖値は上昇する．
③ 解糖に関与する酵素類は，インスリンにより活性化され血糖値は低下する．

[*2] 多くの糖尿病では，インスリン量の低下によりグルコース輸送体活性が低下する．したがって，血糖値は高いが細胞内グルコース量は少なくなり，細胞はエネルギー不足となる．

単純拡散　simple diffusion

促進拡散　facilitated diffusion

[*3] グルコース輸送体 4（GLUT4）のこと．骨格筋，心筋，脂肪細胞に多く存在するインスリン感受性の GLUT であり，血中グルコース濃度の調節に深く関与する．

アドレナリン　adrenaline
糖質コルチコイド
glucocorticoid

また，糖新生に関与する酵素類は**アドレナリン**，グルカゴン，**糖質コルチコイド**などにより活性化され，血糖値は上昇する（図 8・3）．

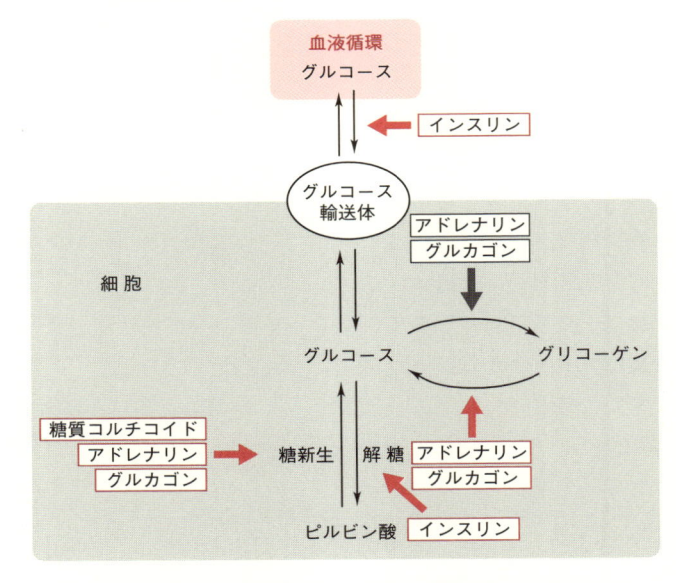

図 8・3　ホルモンによる血糖値の調節　←▨ は反応を活性化することを，←▨ は反応を阻害することを意味する．

解答　（ア）肝臓　（イ）糖新生　（ウ）グリコーゲン　（エ）インスリン

RANK up　　グリコーゲンの役割と調節

グリコーゲンはおもに肝臓と筋肉に存在しているが，両者の役割は大きく異なる．肝臓は，"グルコース 6-リン酸 → グルコース"の反応を触媒するグルコース 6-ホスファターゼ活性が強い．したがって，肝臓のグリコーゲンの場合，分解により生成したグルコース 1-リン酸は，グルコース 6-リン酸を経てグルコースに変換されて血糖値の維持に関与する．

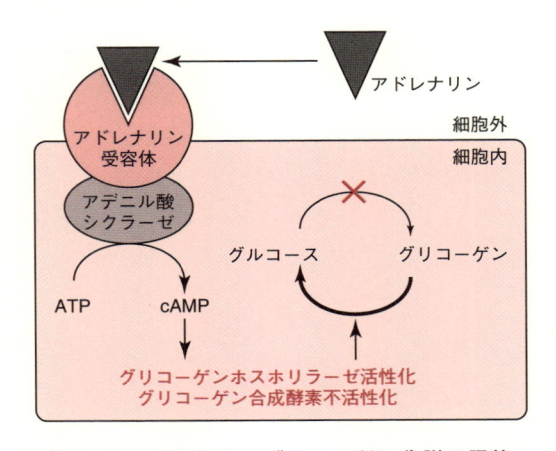

図 8・4　cAMP によるグリコーゲン代謝の調節

一方, 筋肉のグルコース 6-ホスファターゼ活性は非常に弱いので, 筋肉のグリコーゲンから生成したグルコース 6-リン酸はすべて解糖系で処理されてエネルギー源として利用される(図 8・2). 筋肉の活動は多くのエネルギー(ATP)を必要とするので, 貯蔵しておいたグリコーゲンの分解から生成したグルコース 6-リン酸をすべてエネルギー源として利用することは理にかなったことである*.

グリコーゲンの合成や分解は, アドレナリンやグルカゴンの指令により合成される**サイクリック AMP (cAMP)** を介して調節される. 細胞膜表面に存在する受容体にこれらのホルモンが結合すると, **アデニル酸シクラーゼ**が活性化され cAMP が生成する. cAMP はグリコーゲンホスホリラーゼを活性化し, グリコーゲン合成酵素を不活性化する (図 8・4).

* 何らかの原因でグリコーゲン代謝がうまくいかず, 組織内に異常な型または多量のグリコーゲンが蓄積する遺伝性疾患を**糖原病**という.

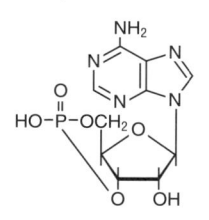

サイクリック AMP
cyclic adenosine monophosphate, cAMP

アデニル酸シクラーゼ
adenylate cyclase

第9章 脂質代謝

Key Words　□脂肪酸　□β酸化　□アセチルCoA　□コレステロール
　　　　　　　□不飽和脂肪酸

基本問題 9・1　脂肪酸のβ酸化

以下の記述の空欄に最も適する語句や数値を入れよ．
(1) 脂肪酸はβ酸化を受ける前にATPとCoAにより活性化され，（ア　　）になる．
(2) β酸化反応により，脂肪酸の炭素が2個ずつ（イ　　）として遊離する．
(3) ステアリン酸（C_{18}）は，（ウ　　）回のβ酸化を受けて（エ　　）分子のアセチルCoAが生成する．
(4) 当面のエネルギー産生に利用されないアセチルCoAは肝臓で（オ　　）に変換された後，血液循環を介して筋肉や脳などに運ばれる．

脂肪酸（fatty acid）：長鎖炭化水素の1価カルボン酸．

*1 脂肪酸は水に対して不溶性なので，水に溶けやすいタンパク質である血清アルブミンと結合して各組織に運ばれる．

アシルCoA
（acyl-coenzyme A）：脂肪酸と補酵素Aのチオエステル．
$CH_3(CH_2)_n CO \sim S\text{-}CoA$

*2 アシルCoAは，ミトコンドリア膜を直接通過することができない．輸送体である**カルニチン**と結合してミトコンドリア内に運ばれる．

β酸化　β oxidation

ここが重要

脂肪酸は，グリセリンエステル（トリアシルグリセロールなど）の形で脂肪細胞に貯蔵されている．トリアシルグリセロールは，リパーゼにより加水分解され脂肪酸が遊離する．血液循環により各組織に運ばれた脂肪酸は[*1]，細胞表面の脂肪酸輸送体により細胞内に取込まれる．

細胞内に取込まれた脂肪酸は，以下の反応により**アシルCoA**として活性化される．

脂肪酸 ＋ CoA ＋ ATP → アシルCoA ＋ AMP ＋ ピロリン酸

アシルCoAは輸送体[*2]によりミトコンドリア内に運ばれ，カルボキシ基側の炭素2個がアセチルCoAとして連続的に切断される．この過程を**β酸化**といい，

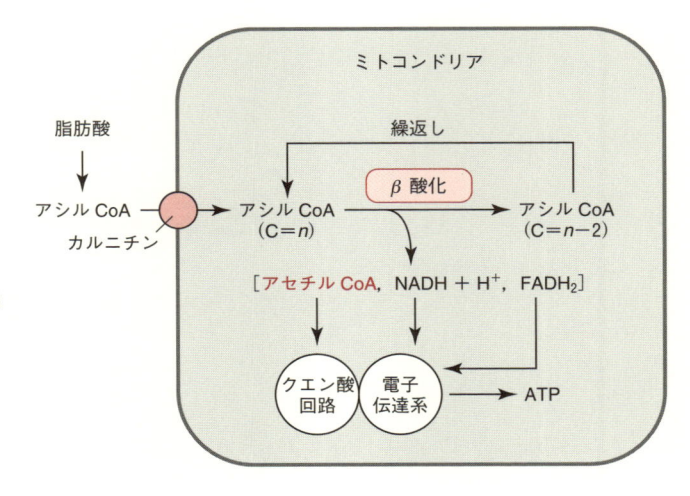

図 9・1　β酸化による脂肪酸の分解
脂肪酸の分解はミトコンドリア内，脂肪酸の合成（基本問題 9・2 を参照）は細胞質基質で行われることに注意．

生じたアセチル CoA はクエン酸回路および電子伝達系で処理されて多くの ATP が生成する（図 9・1）．

また，β酸化の過程で還元型補酵素（NADH+H$^+$，FADH$_2$）も生成するので，これらは直接電子伝達系に運ばれて ATP 生成に利用される．

β酸化は四つの反応から構成され，反応が一順するごとに 1 分子のアセチル CoA が生成する．天然の脂肪酸の多くは炭素数が偶数なので，最後に残された 2 炭素もアセチル CoA となる．たとえば**パルミチン酸**（C$_{16}$）の場合，**パルミトイル CoA** として活性化された後，7 回のβ酸化を受けて 8 分子のアセチル CoA が生成する[*1]．

生成したアセチル CoA のうち，当面のエネルギー産生に利用されない分は肝臓で**ケトン体**（アセト酢酸，3-ヒドロキシ酪酸，アセトン）に変換された後，血液循環を介して筋肉や脳などに運ばれる．これらの細胞内で再びアセチル CoA に変換され，ATP 生成に利用される（図 9・2）[*2]．

パルミチン酸 palmitic acid C$_{15}$H$_{31}$COOH

パルミトイル CoA (palmitoyl-coenzyme A)：パルミチン酸と補酵素 A のチオエステル．

[*1] 第 9 章 RANK up "脂肪酸β酸化の各反応"を参照．

ケトン体 ketone body

[*2] ケトン体はエネルギー源として有用であるが，酸性であるため過剰に存在すると体の pH が酸性に傾く．これをケトアシドーシスといい，脱水，中枢障害などがひき起こされる．

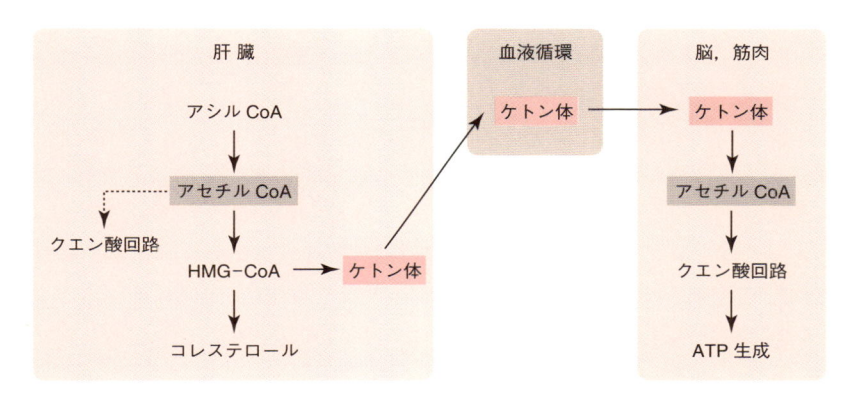

図 9・2 ケトン体の生成と利用

HMG-CoA (hydroxymethylglutaryl-coenzyme A)：ヒドロキシメチルグルタリル CoA

$$\begin{array}{c} OH \\ CH_3CCH_2CO\sim S\text{-}CoA \\ CH_2COOH \end{array}$$

[解答]　（ア）アシル CoA　（イ）アセチル CoA　（ウ）8　（エ）9　（オ）ケトン体

基本問題 9・2　脂質の合成（飽和脂肪酸，不飽和脂肪酸，コレステロール）

以下の記述の空欄に最も適する語句を入れよ．
(1) 脂肪酸は（ア　　）を材料として細胞質基質で合成される．
(2) 脂肪酸の生合成は，アセチル CoA カルボキシラーゼによるアセチル CoA の（イ　　）への変換から始まる．
(3) ヒトはステアリン酸を不飽和化して（ウ　　）を生成することができるが，さらに不飽和化してリノール酸や α-リノレン酸を生成することはできない．
(4) コレステロールは（エ　　）を原料として，メバロン酸やスクアレンを経て合成される．

ここが重要

脂肪酸の合成は，脂肪酸の分解（β酸化）の逆反応ではない．β酸化がミトコンドリア内での反応であるのに対して，脂肪酸の合成は細胞質基質で行われ，使

48　第II部　代謝とエネルギー

マロニルCoA　malonyl-coenzyme A
HOOC-CH$_2$CO~S-CoA

ステアリン酸　stearic acid
C$_{17}$H$_{35}$COOH

われる酵素系もまったく異なっている．

　脂肪酸の合成原料はアセチルCoAであり，基本的には脂肪酸合成酵素上のアシル基に**マロニルCoA**に由来する炭素が2個ずつ縮合される（図9・3）．したがって，天然の脂肪酸の炭素数は偶数であることが多い．通常は炭素数が16または18になると酵素から切離され，パルミチン酸（C$_{16}$）または**ステアリン酸**（C$_{18}$）が生成する．

$$\text{CoA-S~CO-CH}_3 \xrightarrow{\text{ATP + H}_2\text{O + CO}_2 \to \text{ADP + P}_i} \text{CoA-S~CO-CH}_2\text{-COOH} \xrightarrow{\text{酵素-S~CO-(CH}_2)_n\text{CH}_3 \to \text{酵素-S~CO-(CH}_2)_{n+2}\text{CH}_3, \text{CO}_2} \text{CoA-SH}$$

アセチルCoA　　　　　マロニルCoA

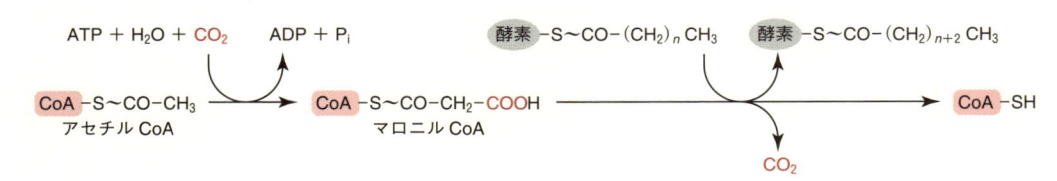

図9・3　脂肪酸の生合成

飽和脂肪酸
saturated fatty acid

不飽和脂肪酸
unsaturated fatty acid

*1 炭素数18，二重結合数2の不飽和脂肪酸．

必須脂肪酸
essential fatty acid

プロスタグランジン（prostaglandin）：プロスタグランジンなどの生理活性をもつ炭素数20の高度不飽和脂肪酸をエイコサノイドと総称する．

　最初に合成されたパルミチン酸やステアリン酸は，二重結合をもたない**飽和脂肪酸**である．この飽和脂肪酸に二重結合を導入して**不飽和脂肪酸**に変換したり，炭素数をさらに伸長させる反応系も存在する．

　しかし，リノール酸（18:2）*1，α-リノレン酸（18:3），アラキドン酸（20:4）のように，生体内において重要な役割をもつにもかかわらず必要量を合成することができない不飽和脂肪酸もある．これらの不飽和脂肪酸を**必須脂肪酸**といい，食物から摂取しなければならない．必須脂肪酸から，エイコサペンタエン酸（EPA，20:5），ドコサヘキサエン酸（DHA，22:6）などの高度不飽和脂肪酸や，**プロスタグランジン**などの生理活性物質が合成される（図9・4）．

リノール酸　linoleic acid

アラキドン酸　arachidonic acid

α-リノレン酸　α-linolenic acid

ステアリン酸（18:0）
↓
オレイン酸（18:1）
✕ 合成不可
↓
リノール酸（18:2）→ ‥‥→ アラキドン酸（20:4） → 生理活性物質（プロスタグランジンなど）
　　　　　　　　　低活性
✕ 合成不可
↓
α-リノレン酸（18:3）→ → EPA，DHA

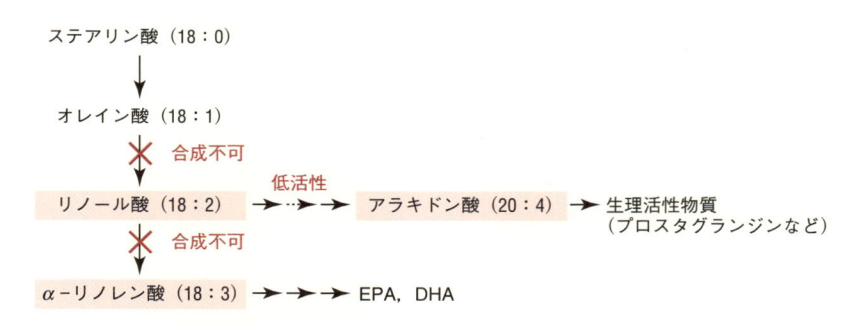

図9・4　不飽和脂肪酸の生合成　　　は生体内において必要量を合成することができない．

*2 HMG-CoAレダクターゼは，HMG-CoAからメバロン酸を生成する酵素．プラバスタチンなどの薬物は，この酵素を阻害することによりコレステロールの合成を抑制する．

　コレステロールは生体膜の構成物質であり，ステロイドホルモンや胆汁酸などさまざまな物質の合成原料となっている．コレステロールは，脂肪酸やケトン体と同じくアセチルCoAを出発原料として，多くの反応を経て合成される（図9・2）．コレステロールの合成量はHMG-CoAレダクターゼで調節されるので，この酵素の阻害剤*2は高コレステロール血症の治療薬として用いられている．

解答　（ア）アセチルCoA　（イ）マロニルCoA　（ウ）オレイン酸　（エ）アセチルCoA

RANK up　　脂肪酸 β 酸化の各反応

β 酸化は，β 位炭素を酸化する以下の四つの反応から構成される（図 9·5）．

① α 位炭素と β 位炭素の間への二重結合の導入
② 二重結合への H₂O の付加
③ 3-ケトアシル CoA の生成
④ 3-ケトアシル CoA の加チオール分解

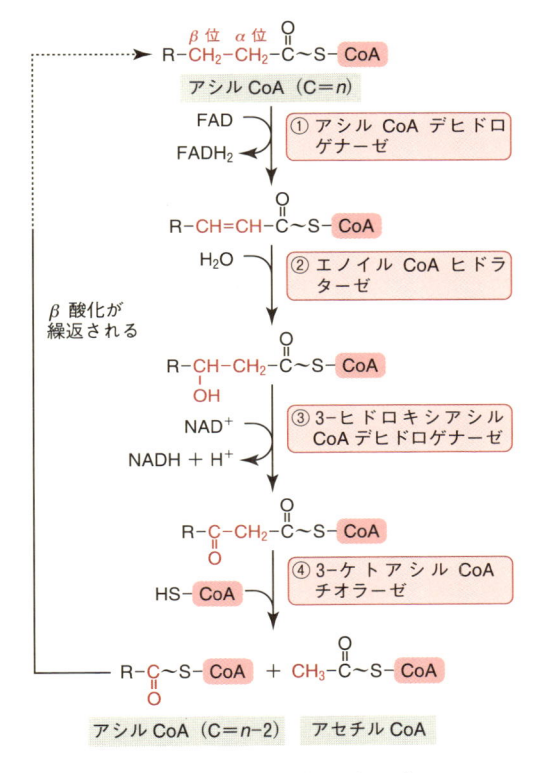

図 9·5　脂肪酸 β 酸化の各反応

3-ケトアシル CoA の**加チオール分解**により，2 炭素分短くなったアシル CoA とアセチル CoA が生成する．炭素鎖が短くなったアシル CoA はつぎの β 酸化の基質となり，すべての炭素がアセチル CoA となるまで反応が繰返される．したがって，パルミトイル CoA（C₁₆）における β 酸化の全体式は，

$$\text{パルミトイル CoA} + 7\text{FAD} + 7\text{NAD}^+ + 7\text{H}_2\text{O} + 7\text{CoA}$$
$$\rightarrow 8\text{ アセチル CoA} + 7\text{FADH}_2 + 7\text{NADH} + 7\text{H}^+$$

となる．

加チオール分解(thiolysis)：チオール基(-SH)を用いて基質を分解すること．

第10章 アミノ酸代謝

Key Words □アミノ基転移反応　□脱アミノ反応　□尿素回路　□脱炭酸反応
□生理活性アミン

基本問題 10・1　アミノ酸の分解と変換

以下の記述の空欄に最も適する語句を入れよ.
(1) アラニンのアミノ基が 2-オキソグルタル酸に転移すると，アラニンは（ア　　）になる．
(2) グルタミン酸が酸化的脱アミノ反応を受けると，2-オキソグルタル酸と（イ　　）が生成する．
(3) 尿素中の窒素原子はアンモニアとアスパラギン酸の α-アミノ基に，炭素原子は（ウ　　）に由来する．
(4) グルタミン酸が脱炭酸反応を受けると（エ　　）が生成する．

ここが重要

a. アミノ酸の分解　細胞のエネルギーが糖質や脂質から十分量供給されている場合，アミノ酸はおもにタンパク質合成やヌクレオチドなどの含窒素化合物の合成原料として利用される．しかし，エネルギー供給量が十分ではない場合や過剰量のアミノ酸が存在する場合，アミノ酸は分解されてエネルギー産生に利用される．

一般に，アミノ酸はアミノ基が存在するためにそのままでは酸化的分解を受けにくい．そこで多くのアミノ酸のアミノ基は，**アミノ基転移反応**により 2-オキソグルタル酸に転移して各アミノ酸に対応する **2-オキソ酸**とグルタミン酸が生成する（図 10・1）．生成した 2-オキソ酸はクエン酸回路などに合流し，グルタミン酸は**酸化的脱アミノ反応**により 2-オキソグルタル酸に再生される．

アミノ基転移反応
transamination,
aminotransfer reaction

2-オキソ酸（2-oxo acid）：α-ケト酸（α-keto acid）ともいう．α位（カルボキシ基が付いている炭素）にケトン基をもつカルボン酸．

酸化的脱アミノ反応
oxidative deamination

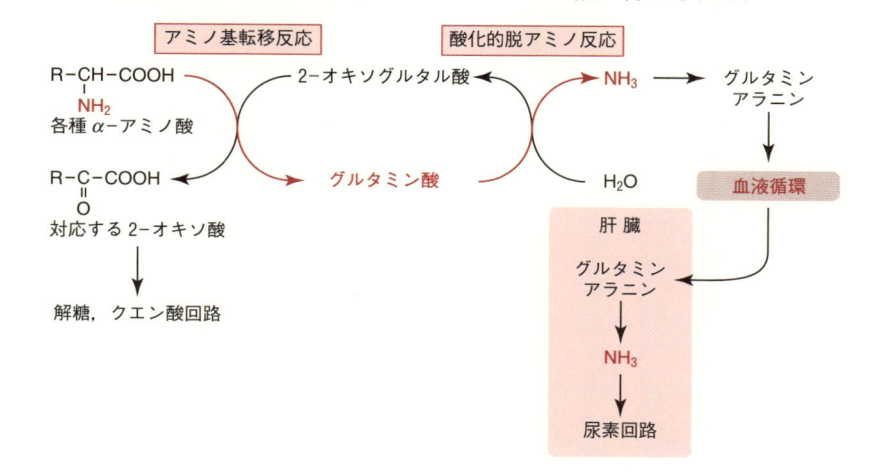

図 10・1　アミノ基の代謝的運命　赤い矢印（→）はアミノ基の移動を示す．

この過程で生成したアンモニアは中枢神経系に対して毒性が高いので，各組織からアラニンやグルタミンの形で肝臓に輸送され，最終的に肝臓の**尿素回路**で無

尿素回路　urea cycle

毒な**尿素**に変換される.

したがって，アミノ酸のアミノ基は尿素として排出され[*1]，炭素骨格はアセチルCoAやクエン酸回路中間体を経てエネルギー産生に利用されたり[*2]，グルコース，ケトン体，脂質などの合成原料となる.

b. 尿素回路　肝臓に輸送されたアラニンやグルタミンから遊離したアンモニアは，ATPのエネルギーを利用して二酸化炭素およびアスパラギン酸のα-アミノ基窒素と結合することにより尿素が生成する.

この反応系は回路を形成するので尿素回路とよばれ，一部の反応はミトコンドリア内で，他の反応は細胞質基質で起こる（図10・2）.

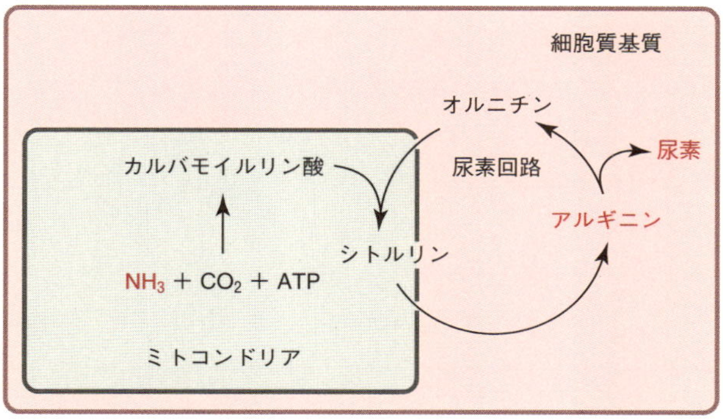

尿　素　urea　$(NH_2)_2CO$

[*1] 魚類はアンモニアのまま，鳥類は尿酸の形で排出される.

[*2] 第7章 RANK up "クエン酸回路" を参照.

図10・2　尿素回路

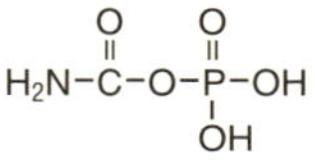

尿素は，**アルギニン**の加水分解反応により生成する.

$$\text{アルギニン} + H_2O \xrightarrow{\text{アルギナーゼ}} \text{オルニチン} + \text{尿素}$$

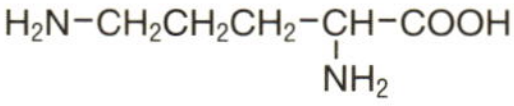

1モルのアンモニアを1モルの尿素に変換するには，3モルのATPが必要である．これは1モルのグルコースから生成するATP（約30モル）の10%程度に相当する.

c. アミノ酸の変換　アミノ酸はクレアチン，ポルフィリン，ヌクレオチド，補酵素などの含窒素化合物の合成原料としても用いられる．また，**脱炭酸反応**により生成したアミンは，強い生理活性をもつものが多いのでこれらを**生理活性アミン**という（表10・1）.

カルバモイルリン酸
carbamoyl phosphate

アルギニン　arginine

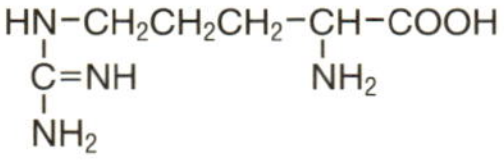

オルニチン　ornithine

生理活性アミン
biogenic amine

表10・1　重要な生理活性アミン

アミノ酸	生成するアミン	作　用
チロシン	ドーパミン ノルアドレナリン アドレナリン	神経伝達物質 神経伝達物質 副腎髄質ホルモン
グルタミン酸	γ-アミノ酪酸（GABA）	神経伝達物質
トリプトファン	セロトニン	神経伝達物質
ヒスチジン	ヒスタミン	アレルギー反応起因物質

脱炭酸反応は，アミノ基転移反応と同じく**ピリドキサールリン酸**（ビタミンB_6の活性体）を補酵素として，各アミノ酸に特異的な**脱炭酸酵素**によって触媒

ピリドキサールリン酸
pyridoxal phosphate

脱炭酸酵素
decarboxylase

される.

$$\underset{\alpha\text{-アミノ酸}}{\text{R-CH-COOH} \atop |\phantom{\text{R-C}}\text{NH}_2} \xrightarrow{\text{各アミノ酸脱炭酸酵素}} \underset{\text{アミン}}{\text{R-CH}_2 \atop |\phantom{\text{R-C}}\text{NH}_2} + CO_2$$

解答 （ア）ピルビン酸 （イ）アンモニア （ウ）二酸化炭素 （エ）γ-アミノ酪酸（GABA）

基本問題 10・2 アミノ酸の合成

以下の記述の空欄に最も適する語句を入れよ.
(1) 生体内において，他の物質から合成することができるアミノ酸を（ア　　），できないアミノ酸を（イ　　）という．
(2) グルタミン酸のアミノ基がオキサロ酢酸に転移すると，グルタミン酸は 2-オキソグルタル酸にオキサロ酢酸は（ウ　　）になる．
(3) グルタミン酸とアンモニアから（エ　　）が生成する．
(4) フェニルアラニンは，フェニルアラニン 4-ヒドロキシラーゼにより（オ　　）に変換される．

*1 タンパク質に翻訳されてから修飾を受けて生成するヒドロキシリシン，ヒドロキシプロリン，シスチンを含めると 23 種類．

必須アミノ酸
essential amino acid
　バリン
　ロイシン
　イソロイシン
　フェニルアラニン
　トリプトファン
　メチオニン
　トレオニン
　リシン
　ヒスチジン
　（アルギニン）
アルギニンは成長の早い乳幼児期では合成量が十分ではないため，準必須アミノ酸とよばれる．

アミド化 amidation
R-COOH → R-CONH$_2$

*2 フェニルアラニン 4-ヒドロキシラーゼにより触媒される反応．この酵素が先天的に欠損した疾患を，**フェニルケトン尿症**といい，比較的発生頻度が高い．

ここが重要

自然界には 500 種類以上のアミノ酸が存在するが，ヒトのタンパク質を構成するアミノ酸は 20 種類[*1]のみである．それらのうち，ヒトの体内で合成できないか，または合成量が必要量以下であるものを**必須アミノ酸**という．必須アミノ酸は植物や微生物で合成されるが，それらの合成過程は長く，多くのエネルギーを必要とする．そこで，ヒトなどの高等動物はこれらのエネルギー的に負担となる合成能力を捨て，食物から摂取するように進化したと考えられている．

一方，ヒトの体内で他の物質から合成できるアミノ酸を非必須アミノ酸という．しかし，タンパク質を形成するためには 20 種類のアミノ酸すべてが必要であり，必須と非必須の区別は単に"食餌から摂取する必要があるかどうか"という栄養学的な観点からのものにすぎない．

非必須アミノ酸は，おもに以下の 3 種類の反応により生成する．
① 解糖，クエン酸回路中間体へのアミノ基転移
　　2-オキソグルタル酸 → グルタミン酸
　　オキサロ酢酸 → アスパラギン酸
　　ピルビン酸 → アラニン　　など
② 酸性アミノ酸の**アミド化**
　　グルタミン酸 → グルタミン
　　アスパラギン酸 → アスパラギン
③ 必須アミノ酸の変換
　　フェニルアラニン → チロシン[*2]
　　メチオニン → システイン

解答 （ア）非必須アミノ酸　（イ）必須アミノ酸　（ウ）アスパラギン酸
（エ）グルタミン　（オ）チロシン

RANK up　　グルタミン酸とアミノ酸代謝

　グルタミン酸はアミノ酸代謝において中心的役割を担う．なぜなら，ヒト体内で実質的に酸化的脱アミノ反応を受けるのは，グルタミン酸だけだからである．したがって，アミノ基転移反応によりすべてのアミノ酸のアミノ基をグルタミン酸に集中させ，**グルタミン酸デヒドロゲナーゼ**による酸化的脱アミノ反応を行うことにより，すべてのアミノ酸のアミノ基をアンモニアとして遊離させることができる．

　また，グルタミン酸デヒドロゲナーゼはアンモニアを2-オキソグルタル酸に固定してグルタミン酸を合成することもできる（**還元的アミノ化反応**）．生成したグルタミン酸のアミノ基を2-オキソケト酸に転移させることにより，種々のアミノ酸が合成される．

> グルタミン酸デヒドロゲナーゼ
> glutamate dehydrogenase

> 還元的アミノ化反応
> reductive amination

$$\text{COOH-CH}_2\text{-CH}_2\text{-CH(NH}_2\text{)-COOH} + NAD^+ + H_2O$$
（グルタミン酸）
$$\rightleftharpoons \text{COOH-CH}_2\text{-CH}_2\text{-C(=O)-COOH} + NADH + H^+ + NH_3$$
（2-オキソグルタル酸）

　アミノ基転移反応により生成した2-オキソ酸は，最終的にピルビン酸，2-オキソグルタル酸，スクシニルCoA，フマル酸，オキサロ酢酸，アセチルCoA，アセトアセチルCoAのどれかに代謝される．

　ピルビン酸，2-オキソグルタル酸，スクシニルCoA，フマル酸，オキサロ酢酸に代謝され糖新生によりグルコースを合成可能なアミノ酸（アラニン，アルギニン，アスパラギン，アスパラギン酸，システイン，グルタミン，グルタミン酸，グリシン，ヒスチジン，メチオニン，プロリン，セリン，バリン）を**糖原性アミノ酸**，アセチルCoAやアセトアセチルCoAに代謝されケトン体や脂肪酸を合成可能なアミノ酸（ロイシン，リシン）を**ケト原性アミノ酸**という．また，炭素骨格の一部が糖原性，一部がケト原性であるアミノ酸（イソロイシン，フェニルアラニン，トレオニン，トリプトファン，チロシン）を糖原性かつケト原性アミノ酸という．

> 糖原性アミノ酸
> glucogenic amino acid

> ケト原性アミノ酸
> ketogenic amino acid

Challenge 第Ⅱ部の発展問題

第4章

1 つぎの反応のうち，標準状態で自発的に進行するものはどれか，すべて選べ．加水分解における標準自由エネルギー変化は表4・1を参考にせよ．

  a. グルコース＋ATP → グルコース6-リン酸＋ADP
  b. グルコース6-リン酸＋ADP → グルコース＋ATP
  c. クレアチン＋ATP → クレアチンリン酸＋ADP
  d. クレアチンリン酸＋ADP → クレアチン＋ATP

2 高エネルギー化合物に関する以下の記述の正誤を答えよ．また，誤っている部分を指摘して修正せよ．
(1) ATPは高エネルギー化合物であるが，ADPとAMPは高エネルギー化合物ではない．
(2) ATPのもつエネルギーは，すべての高エネルギー化合物の中で最も高い．
(3) 糖質代謝中間体のホスホエノールピルビン酸は，高エネルギー化合物である．
(4) 生体内にはリン酸化合物以外の高エネルギー化合物も存在する．

3 グルコースは酸化分解されて二酸化炭素と水が生成する．この反応が生体内において酵素により進行する場合の特徴を，生体外の直接燃焼と比較して説明せよ．

4 酵素は6種類に分類されるが（表4・2を参照），以下の反応はどれに分類されるか．
(1) A＋B-X → A-X＋B
(2) A-B＋H_2O → A-OH＋B-H
(3) A＋B＋ATP＋H_2O → A-B＋ADP＋P_i
(4) A-H_2＋B → A＋B-H_2

第5章

1 代表的な消化酵素を列挙し，それらの分泌細胞（組織，器官），標的基質，生成物を記せ．

2 アセチルCoAの供給経路と生体内における役割について説明せよ．

第6章

1 解糖における以下の反応について答えよ．

  a. グルコース → グルコース6-リン酸
  b. フルクトース6-リン酸 → フルクトース1,6-ビスリン酸
  c. グリセルアルデヒド3-リン酸 → 1,3-ビスホスホグリセリン酸
  d. ホスホエノールピルビン酸 → ピルビン酸

e．ピルビン酸 → 乳酸
(1) a〜e の反応を触媒する酵素名を書け．
(2) ATP の消費を伴うものはどれか．すべて選び記号で答えよ．
(3) NADH+H$^+$ の生成を伴うものはどれか．すべて選び記号で答えよ．

2 嫌気的解糖について，以下の記述の空欄に最も適する語句を入れよ．
　嫌気的状態の場合，ヒトは解糖において生成した NADH+H$^+$ をピルビン酸の（ア　　）への還元に共役させることにより NAD$^+$ に再酸化して，解糖を円滑に進行させる．
　また，ある種の微生物はピルビン酸を脱炭酸酵素の働きで（イ　　）に変化させる．さらに（イ　　）を（ウ　　）に還元することにより NADH は NAD$^+$ に再酸化される．このように嫌気的解糖によりグルコースを（ア　　）や（ウ　　）に代謝することを（エ　　）という．

3 ピルビン酸の酸化的脱炭酸反応に関する以下の記述の正誤を答えよ．また，誤っている部分を指摘して修正せよ．
(1) 補酵素としてチアミン二リン酸を必要とする．
(2) この反応の過程で ATP が消費される．
(3) この反応に伴って NADH+H$^+$ が生成する．
(4) 可逆的反応であり，アセチル CoA からピルビン酸を合成することもできる．

第7章

1 ピルビン酸代謝について，図の空欄に適する語句を入れよ．

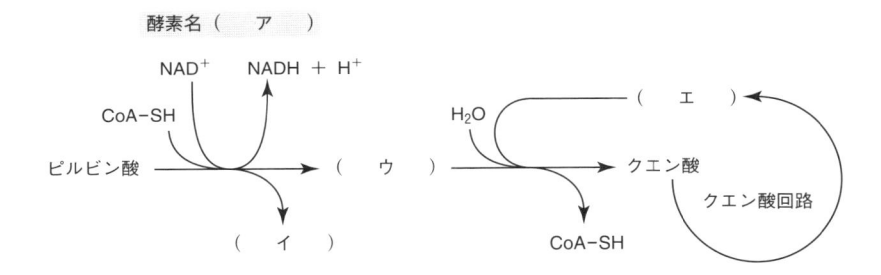

酵素名（　ア　）

NAD$^+$　NADH + H$^+$
CoA-SH　　　　　　　　　　H$_2$O　　　　　（エ）
ピルビン酸 → （ウ）→ クエン酸
　　　　　　　　　　　　　　　　　　　　クエン酸回路
　　　　　（イ）　　　　CoA-SH

2 クエン酸回路における以下の反応について答えよ．
　　a．イソクエン酸 → α-ケトグルタル酸
　　b．α-ケトグルタル酸 → スクシニル CoA
　　c．スクシニル CoA → コハク酸
　　d．コハク酸 → フマル酸
　　e．リンゴ酸 → オキサロ酢酸
(1) a〜e の反応を触媒する酵素名を書け．
(2) ATP の生成を伴うものはどれか．すべて選び記号で答えよ．
(3) NADH+H$^+$ の生成を伴うものはどれか．すべて選び記号で答えよ．

3 電子伝達系について，以下の記述の空欄に最も適する語句を入れよ．

電子伝達系では多数の電子伝達体が酸化，還元を繰返して電子を（ア　　）に運搬する．この過程で生じるエネルギーを用いてADPがリン酸化されATPが産生される．このリン酸化反応を（イ　　）という．

ATPの生成機構としては化学浸透圧説が有力である．この説によるとADPとP_iからのATP合成の原動力は（ウ　　）内膜の内外に生じた（エ　　）の濃度勾配であり，この濃度差とATP合成酵素を用いてATPを合成すると考えられている．

4 ATPの生成について，解糖やクエン酸回路における基質レベルでのリン酸化と，電子伝達系を利用した酸化的リン酸化の相違点について説明せよ．

第8章

1 グリコーゲン代謝と血糖値の調節に関する以下の記述の正誤を答えよ．また，誤っている部分を指摘して修正せよ．
(1) アドレナリンは，肝臓におけるグリコーゲンの合成を促進させる．
(2) アドレナリンによるグリコーゲン合成の調節は，cAMPを介して行われる．
(3) グリコーゲンはホスホリラーゼにより分解されて，グルコース1-リン酸が生成する．
(4) 筋肉はホスホリラーゼを欠くので，筋肉のグリコーゲンは血糖値の調節に関与しない．

2 解糖系の第一反応である"グルコース → グルコース6-リン酸"と，糖新生の最終反応である"グルコース6-リン酸 → グルコース"は別酵素により触媒される．各々の酵素名を記せ．

3 糖尿病において血中ケトン体濃度が高くなる（ケトン血症）理由について説明せよ．

第9章

1 脂肪酸の分解に関する以下の記述の正誤を答えよ．また，誤っている部分を指摘して修正せよ．
(1) カルニチンは，細胞質で活性化されたアシルCoAをミトコンドリア内に輸送する役割を有する．
(2) 炭素数16のパルミチン酸は8回のβ酸化を受ける．
(3) 脂肪酸のβ酸化の過程で$FADH_2$やNADH+H^+が生成する．
(4) 脂肪酸の分解により生じた過剰のアセチルCoAがクエン酸回路で処理されなくなると，大量のオキサロ酢酸が生じる．

2 1モルのパルミトイルCoA（$C_{15}H_{31}CO\sim S-CoA$）がβ酸化により完全に分解されると，最大何モルのATPが生成するか．ただし，電子伝達系で1モルのNADH+H^+から2.5モルの，1モルの$FADH_2$から1.5モルのATPが生じるとする．

3 脂肪酸の生合成について，以下の空欄に最も適する語句や数値を入れよ．

脂肪酸の生合成は，基本的にはアシル化された酵素複合体に（ア　　）のC₂単位が縮合する反応である．（ア　　）の生合成は下図のように行われる．その後，脱炭酸，転移，縮合，還元などを経て炭素数が（ウ　　）個増加したアシル基が形成される．

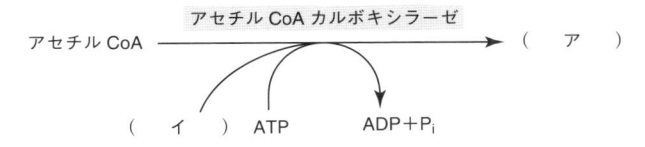

```
                    アセチルCoAカルボキシラーゼ
アセチルCoA ─────────────────────→ （ア）
                 ↗        ↗    ↘
              （イ）    ATP    ADP＋Pᵢ
```

4 不飽和脂肪酸の生合成について，以下の空欄に最も適する語句を入れよ．

18：1 オレイン酸　→　18：2　→　20：2　→　20：3 エイコサトリエン酸
18：2（ア　　）　→　18：3　→　20：3　→　20：4（イ　　）
18：3（ウ　　）　→　18：4　→　20：4
　　　　　　　　→　20：5 エイコサペンタエン酸　→→　22：6（エ　　）

また，（イ　　）やエイコサペンタエン酸のようなC₂₀の高度不飽和脂肪酸から（オ　　）と総称される生理的，薬理的効果をもつ一群の化合物が合成される．

第10章

1 アンモニアをアミノ酸の窒素源として固定する以下の反応について，空欄に最も適する語句を入れよ．

　　　　　　　　　　　　　　　酵素名（イ　　）
（ア　　）＋NH₄⁺＋NAD(P)H＋H⁺ ─────────→ グルタミン酸＋NAD(P)⁺＋H₂O

　　　　　　　　　　　酵素名（ウ　　）
グルタミン酸＋NH₄⁺＋ATP ─────────→ （エ　　）＋ADP＋Pᵢ＋H₂O

2 尿素回路における以下の反応について，空欄に最も適する語句を入れよ．

```
           酵素名
        H₂O （ア）              （エ）              （オ）
アルギニン ──────→ （ウ）──────→ シトルリン ──────→ アルギノコハク酸
         ↘                ↘
        （イ）            リン酸
```

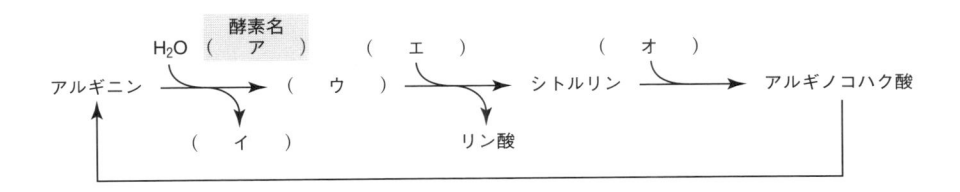

3 アミノ酸の合成と分解に関する以下の記述の正誤を答えよ．また，誤っている部分を指摘して修正せよ．
(1) アミノ酸の酸化的脱アミノ反応は，アミノ基転移酵素により触媒される．
(2) グルタミン酸のアミノ基がピルビン酸に転移すると，アラニンが生成する．
(3) フェニルアラニンをチロシンに変換する酵素は，フェニルアラニン水酸化酵素である．

（4）ケト原性アミノ酸とは，最終的にアセチル CoA やスクシニル CoA に代謝されるアミノ酸のことである．

4 アミノ酸の脱炭酸反応に関する以下の記述の正誤を答えよ．また，誤っている部分を指摘して修正せよ．
（1）α-アミノ酸の脱炭酸反応の過程で ATP が消費される．
（2）α-アミノ酸が脱炭酸反応を受けると，対応するアミンと二酸化炭素が生成する．
（3）グルタミン酸が脱炭酸反応を受けると γ-アミノ酪酸が生成するが，この反応に伴って NADH+H$^+$ が生成する．
（4）5-ヒドロキシトリプトファンの脱炭酸反応によりセロトニンが生成する．

第Ⅲ部　遺伝子と生命

第11章 細胞分裂と遺伝

Key Words　□遺　伝　　□メンデルの法則　　□遺伝子　　□細胞分裂　　□染色体
　　　　　　　□細胞周期

基本問題 11・1　遺伝とメンデルの法則

　メンデルの法則に関する記述の空欄に最も適する語句や数値を入れよ．
(1) 雑種第一代（F_1）において両親のいずれか一方の形質だけが現れることを（ア　　）の法則という．
(2) 1対の対立遺伝子が互いに分かれて別々の配偶子に入ることを（イ　　）の法則という．
(3) 2対の対立遺伝子が，互いに無関係に配偶子に分配されることを（ウ　　）の法則という．
(4) 雑種第二代（F_2）では，一つの対立形質について優性と劣性の形質は（エ　　）の比で現れる．

形　質　character
遺　伝　heredity
染色体　chromosome
遺伝子　gene
表現型　phenotype
遺伝子型　genotype

* PとFは，ラテン語のparens（親），filius（子）の頭文字をとったものである．

ここが重要

　親の**形質**が子に受けつがれる現象を**遺伝**といい，受け継がれる形質を**遺伝形質**という．遺伝形質は細胞核内の**染色体**に存在する**遺伝子**によって伝えられる．
　メンデル（G. J. Mendel）は，エンドウの種子の形（**表現型**）について，丸形かしわ形かの**対立形質**に注目した．**純系**の親（P，**遺伝子型** AA, aa）を交雑して得た**雑種第一代**（F_1）では，丸形（Aa）だけが現れる*（図 11・1）．このように，

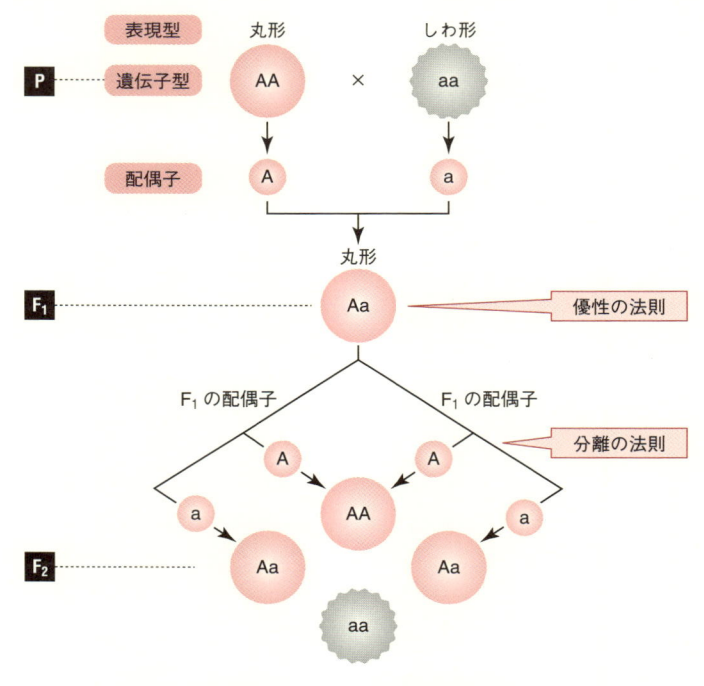

図 11・1　一遺伝子雑種の遺伝

優　性　dominant
劣　性　recessive

　F_1 において両親のいずれか一方の形質だけが現れることを**優性の法則**といい，F_1 で現れる形質（丸形，A）を**優性**の形質，現れない形質（しわ形，a）を**劣**

性の形質という．この F_1 同士を**自家受精**して得た**雑種第二代**（F_2）では，丸形としわ形が 3：1 の比で現れる〔AA (1)，Aa (2)，aa (1)〕．これは F_1 の**配偶子**ができる際に，減数分裂によって対立形質の遺伝子が別々の配偶子に分かれるためで，これを**分離の法則**という．また，エンドウの種子の形と子葉の色のように，2 対の対立遺伝子が互いに無関係に配偶子に分配されることを**独立の法則**という．

配偶子　gamete

[解答]　（ア）優性　（イ）分離　（ウ）独立　（エ）3：1

基本問題 11・2　細 胞 分 裂

細胞分裂に関する記述の空欄に最も適する語句や数値を入れよ．
(1) 生物は細胞分裂を繰返して大きくなるが，この細胞分裂を（ア　　　）という．
(2) 卵や精子，胞子などの配偶子を生成する際の細胞の分裂を（イ　　　）という．
(3) 体細胞分裂では，染色体数 $2n$ の細胞が $4n$ となったのち（ウ　　　）の細胞が 2 個生成する．
(4) 減数分裂では，染色体数 $2n$ の細胞が $4n$ となったのち（エ　　　）の細胞が 4 個生成する．

ここが重要

細胞分裂の様式は，**体細胞分裂**と**減数分裂**に分けられる．体細胞分裂は，生物体が成長する際や生物体の維持の際の通常の細胞分裂で，親細胞と同じ細胞が 2 個生成する（図 11・2a）．減数分裂は，卵や精子，胞子などの生殖細胞（配偶子）がつくられる際の特別な細胞分裂である（図 11・2b）．

細胞分裂　cell division
体細胞分裂（somatic cell division）: 体細胞有糸分裂（somatic mitosis）ともいう．
減数分裂（meiosis, reduction division）: 減数有糸分裂（meiotic mitosis）ともいう．

(a) 体細胞分裂

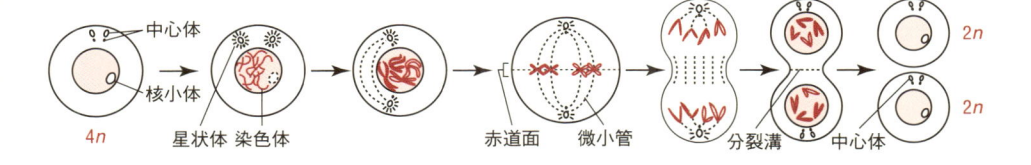

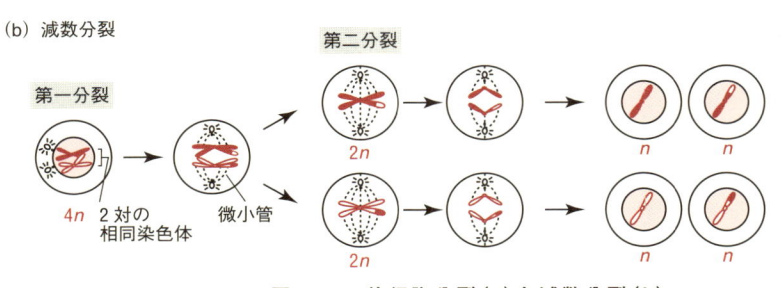

(b) 減数分裂

図 11・2　体細胞分裂(a)と減数分裂(b)

高等生物の体細胞は，通常染色体を 2 セット有しているので**二倍体**という（$2n$ と表す）．体細胞分裂では，染色体 $2n$ の細胞が複製反応により $4n$ となったのち，細胞分裂が 1 回起こるので $2n$ の細胞が 2 個生成する．一方，減数分裂では，$2n$ の細胞が $4n$ となったのち，細胞分裂が 2 回起こるので n の細胞が 4 個生成する．生殖細胞は**一倍体**の細胞で，一倍体の配偶子同士が受精するので，体細胞は二倍体となる．

二倍体　diploid

一倍体
monoploid (haploid)

[解答]　（ア）体細胞分裂　（イ）減数分裂　（ウ）$2n$　（エ）n

基本問題 11・3 染色体と遺伝子——染色体の構造

染色体に関する記述の空欄に最も適する語句や数値を入れよ．
(1) ヒト体細胞の染色体数は，常染色体が（ア　　）本2対，性染色体が2本から成るので合計（イ　　）本から成る．
(2) 性染色体がXXならば（ウ　　）が，XYならば（エ　　）が生まれる．
(3) 真核生物の染色体は（オ　　）とよばれるDNAとタンパク質の複合体から成る．
(4) 染色体のDNAと複合体を形成しているタンパク質を（カ　　）といい，その八量体とDNAの複合体を（キ　　）という．

ここが重要

染色体は細胞の核に存在し，タンパク質とDNAの複合体である．染色体は，細胞分裂のときに細胞を色素で染色し，顕微鏡で観察すると見られる．染色体の中心部を**セントロメア**，両端部を**テロメア**という（図11・3a）．

セントロメア　centromere
テロメア　telomere

ヒトの体細胞に含まれる染色体は，22本の**常染色体**が2対，**性染色体**が2本から成るので合計46本から成る（図11・3b）．

遺伝子のほとんどは常染色体に存在する．性染色体には，生物の性を決定する遺伝子が存在し，ほ乳類全般に性染色体がXXならば女児が，XYならば男児が生まれる．ヒトの**赤緑色覚異常**の色盲や**血友病A**の原因遺伝子は性染色体に存在するので**伴性遺伝**として知られる．

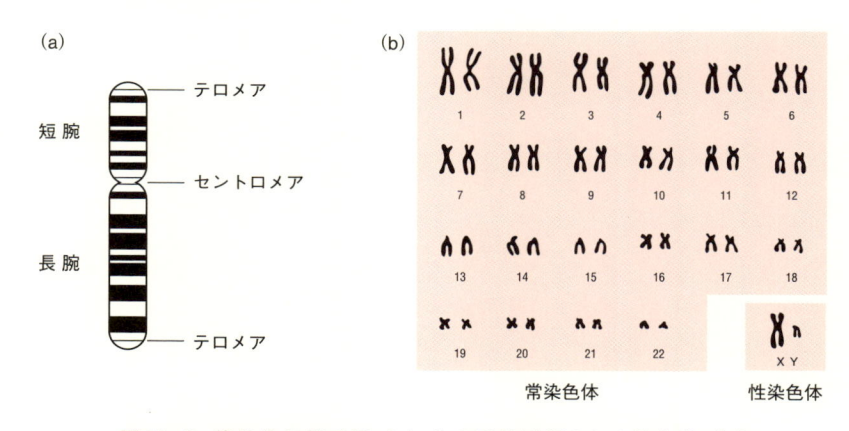

図11・3　染色体の模式図（a）と有系分裂期のヒト染色体（b）

環状DNA　circular DNA
核様体　nucleoid

多くの原核生物のゲノムの大きさは，5百万（5×10^6）塩基対以下の**環状DNA**分子である．核は存在せず，**核様体**とよばれる薄く染まる領域に存在している．

＊ 真核生物の染色体の構造は，第2章 図2・1を参照．

クロマチン　chromatin
ヒストン　histone
ヌクレオソーム　nucleosome

真核生物のゲノムは巨大で，いくつかの直線状DNAに分かれてタンパク質を含む染色体を形成して核内に存在している．真核生物の染色体*は，**クロマチン**（染色質）とよばれるDNAと**ヒストンタンパク質**の複合体から成り，その形態は細胞周期によって大きく変化する．酸性物質であるDNAは塩基性タンパク質ヒストンの八量体（ヒストンコア）と**ヌクレオソーム**とよばれる複合体を形成し

第11章 細胞分裂と遺伝

ている．染色体の凝縮が緩んでいるところは遺伝子発現が活発な領域で，**ユークロマチン**とよばれる．逆に，凝縮度の高い領域は遺伝子の発現があまり起こっていないとされ，**ヘテロクロマチン**という．

ユークロマチン　euchromatin

ヘテロクロマチン　heterochromatin

[解答] （ア）22　（イ）46　（ウ）女児　（エ）男児　（オ）クロマチン　（カ）ヒストン　（キ）ヌクレオソーム

RANK up　　細胞周期

分裂している真核細胞は一定の時間間隔をもって細胞分裂とDNA複製を繰返す．これを**細胞周期**という．DNA合成（複製）によりDNAが倍加する時期を**S期**（synthesis；合成）という（図11・4）．したがってS期を経た細胞の核相は$4n$である．細胞分裂の時期を**M期**（mitosis；有糸分裂）といい，これが終わると核相は$2n$に戻る．S期とM期の間を間期（gap）といい，M期からS期に移る間を**G₁期**，S期からM期に移る間を**G₂期**という．細胞の増殖の停止はG₁期で起こり，この状態を**G₀期**（休止期）という．

細胞周期　cell cycle
S期　S phase

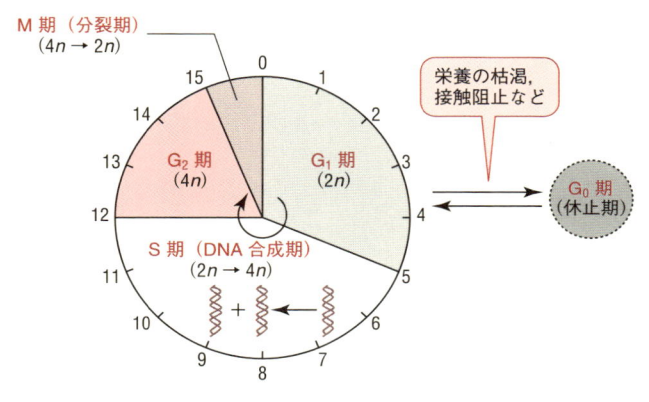

図 11・4　細胞周期　（　）内は核型を表す．世代時間16時間の動物細胞を例にとり細胞周期の様子を示す．S期でDNA合成が，M期で細胞分裂が起こる．

M期　M phase
G₁期　G₁ phase
G₂期　G₂ phase
G₀期　G₀ phase

第12章 遺伝情報を担う DNA

Key Words　□核酸　□ヌクレオチド　□DNA　□二重らせん DNA
□ポリメラーゼ連鎖反応（PCR）法

基本問題 12・1　ヌクレオシドとヌクレオチド

ヌクレオチドとヌクレオシドに関する以下の記述の空欄に最も適する語句を入れよ．
(1) ヌクレオシドは，五炭糖と（ア　　）が N-グリコシド結合したものである．
(2) ヌクレオチドは，ヌクレオシドに（イ　　）が結合したものである．
(3) 核酸に含まれる糖は五炭糖で，（ウ　　）と（エ　　）である．
(4) ヌクレオチドを構成する塩基はおもに（オ〜ケ　　）の5種類である．

塩基　base
ヌクレオシド　nucleoside

ここが重要

塩基は，五炭糖と N-グリコシド結合してヌクレオシドを形成している．ヌク

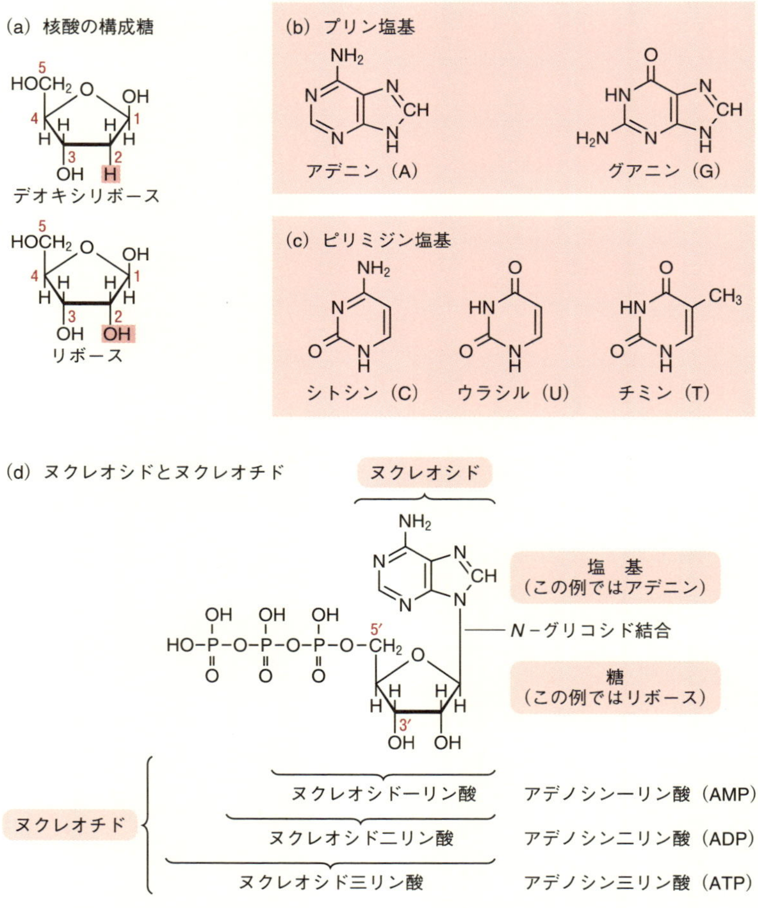

(a) 核酸の構成糖
デオキシリボース
リボース

(b) プリン塩基
アデニン（A）　グアニン（G）

(c) ピリミジン塩基
シトシン（C）　ウラシル（U）　チミン（T）

(d) ヌクレオシドとヌクレオチド

塩基（この例ではアデニン）
N-グリコシド結合
糖（この例ではリボース）

ヌクレオチド
　ヌクレオシド一リン酸　　アデノシン一リン酸（AMP）
　ヌクレオシド二リン酸　　アデノシン二リン酸（ADP）
　ヌクレオシド三リン酸　　アデノシン三リン酸（ATP）

図 12・1　糖 (a)，塩基 (b, c)，ヌクレオシド，ヌクレオチド (d) の構造

第12章 遺伝情報を担う DNA　　65

レオシドにリン酸が結合したものを**ヌクレオチド**という（図12・1）．**核酸**はヌクレオシド—リン酸を構成単位とするポリマーで，**リボ核酸（RNA）**や**デオキシリボ核酸（DNA）**がある．DNA や RNA を構成するヌクレオチドの**五炭糖**には，D-**リボース**と **2-デオキシ-D-リボース**があり，塩基には，**プリン塩基のアデニン**（adenine, **A**），**グアニン**（guanine, **G**）と，**ピリミジン塩基のシトシン**（cytosine, **C**），**ウラシル**（uracil, **U**），**チミン**（thymine, **T**）がある．また，いずれの塩基もその構造により，紫外部の 260 nm 付近に吸収極大を示すので，DNA や RNA も，260 nm に吸収極大を示す．

ヌクレオチド　nucleotide
核　酸　nucleic acid
リボ核酸
ribonucleic acid, RNA
デオキシリボ核酸
deoxyribonucleic acid, DNA
五炭糖　pentose
D-リボース　D-ribose
2-デオキシ-D-リボース
2-deoxy-D-ribose
プリン　purine
ピリミジン　pyrimidine

解答　（ア）塩基　（イ）リン酸　（ウ）（エ）D-リボース，2-デオキシ-D-リボース　（オ）〜（ケ）アデニン，グアニン，シトシン，ウラシル，チミン

基本問題 12・2　DNA の 構 造

DNA に関する以下の記述の空欄に最も適する語句を入れよ．
(1) DNA に含まれる糖は，（ア　　）である．
(2) DNA に含まれる塩基は，（イ〜オ　　）の4種類である．
(3) DNA は，デオキシリボヌクレオシド—リン酸が（カ　　）結合で重合したものである．

ここが重要

DNA は，デオキシリボヌクレオシド—リン酸がホスホジエステル結合で重合したポリヌクレオチドで，鎖状（ひも状）の構造をしている（図12・2）．DNA

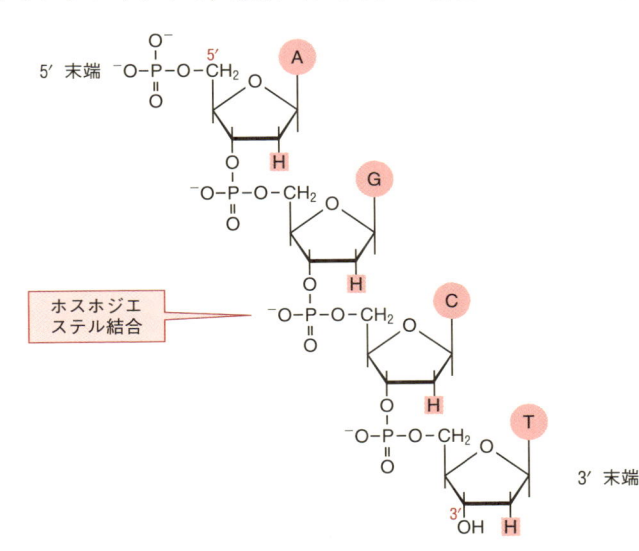

図12・2　DNA の構造　この場合 5′pAGCT3′ や AGCT などと略記する．

に含まれる糖は，2-デオキシ-D-リボースで，塩基は，プリン塩基のアデニン（A），グアニン（G）と，ピリミジン塩基のシトシン（C），チミン（T）である．リン酸はホスホジエステル結合でヌクレオシド間をつなぎ，DNA は多量のリン酸を含むので酸性物質である．

解答　（ア）2-デオキシ-D-リボース　（イ）〜（オ）アデニン，グアニン，シトシン，チミン　（カ）ホスホジエステル

基本問題 12・3　二重らせん DNA

二本鎖 DNA に関する記述の空欄に最も適する語句を入れよ．
(1) 二本鎖 DNA は，水溶液中では通常（ア　　　）巻のらせん構造を形成している．
(2) 二本鎖 DNA は方向性があり，互いに（イ　　　）の構造をとっている．
(3) 二本鎖 DNA は 2-デオキシ-D-リボースを含むので，（ウ　　　）溝と（エ　　　）溝の構造が生じる．

ここが重要

二重らせん　double helix
方向性（極性）　polarity
相補的　complementary
塩基対　base pair, bp

遺伝子 DNA は，2 本の DNA 鎖から成る**二重らせん**構造をとっており，鎖同士の**方向性**は，5′ 末端と 3′ 末端が逆になる**逆平行**の構造である（図 12・3）．

二本鎖の DNA の一方の鎖の A はもう一方の鎖の T と**相補的**に 2 本の水素結合によって**塩基対**を形成し，一方の鎖の G はもう一方の鎖の C と相補的に 3 本の水素結合によって塩基対を形成している（図 12・3）．

二本鎖の DNA 溶液に熱を加えると，鎖間の相補的な水素結合が切れて，鎖は

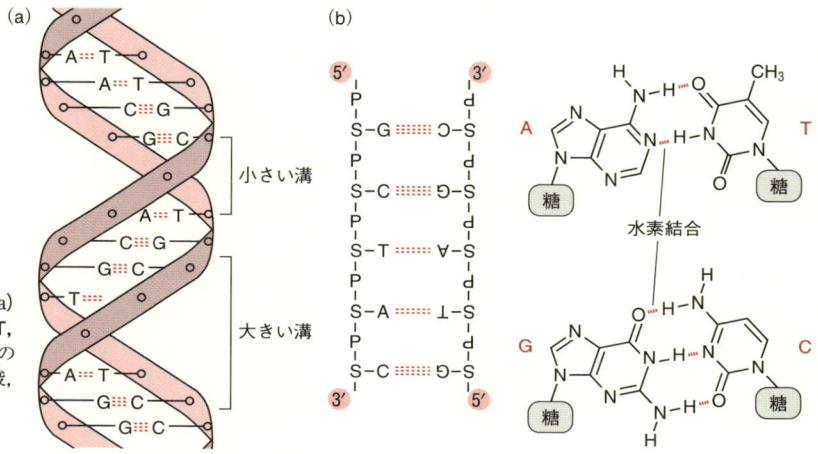

図 12・3　右巻き二重らせん DNA(a) とその方向性(b)，および A═T, G≡C の相補的塩基対(c)　(b) の S はデオキシリボース，P はリン酸，┄┄┄ は水素結合を表す．

変性　denaturation
融解　melting

バラバラな 2 本の一本鎖となる．これを DNA の**変性**または**融解**という．50 ％変性したときの温度を**融点**（T_m）といい，紫外部 260 nm の吸収は変性とともに増大する．変性した 2 本の DNA 鎖は，ゆっくり冷却すると鎖間の水素結合を回復し（**ハイブリダイゼーション**），もとの二本鎖 DNA が再生する．これを，**アニーリング**または**再生**という．

ハイブリダイゼーション　hybridization
アニーリング　annealing
再生　renaturation
大きい溝　major groove
小さい溝　minor groove

二重らせん DNA では，デオキシリボースが五員環のため，らせんには**大きい溝**と**小さい溝**が生じる．らせん 1 巻き当たりの塩基対数は 10〜12 塩基対である．通常水溶液中の DNA は右巻き **B** 型で，ほかに乾燥状態のときの **A** 型や左巻きでリン酸が zigzag 構造の **Z** 型がある．

解答　（ア）右　（イ）逆平行　（ウ）（エ）大きい，小さい

🔍 RANK up　微量の DNA を増やす方法

ポリメラーゼ連鎖反応　polymerase chain reaction, PCR

遺伝子の研究や DNA 鑑定では，微量の DNA を増幅する必要が生じる．このような場合には，**ポリメラーゼ連鎖反応（PCR）法**を行う．PCR 法は，微量の

第12章 遺伝情報を担うDNA

DNAを短時間に増幅する方法で，① 熱による二本鎖の解離，② プライマーの結合，③ DNA合成酵素である耐熱性 DNA ポリメラーゼによる DNA 合成反応のサイクルを繰返すことにより，二つのプライマーにはさまれた部分の DNA の量は，サイクルごとに倍になる（図12・4）．

① 二本鎖DNAの解離　**② プライマーの結合**　**③ DNAポリメラーゼ反応**
95℃，1分　　～55℃，～1分　　72℃，数分

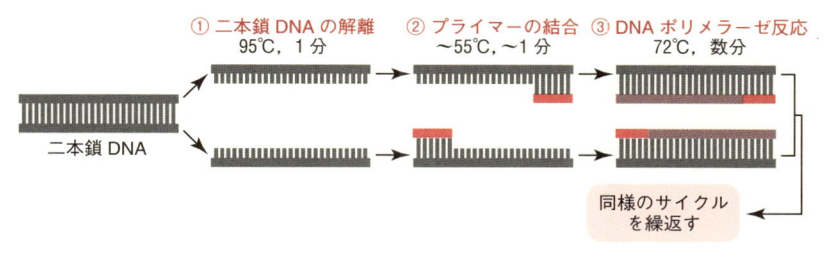

図12・4　ポリメラーゼ連鎖反応法の原理

🔍 RANK up　DNA の塩基配列決定法: ジデオキシ法

ジデオキシ法は，DNAの塩基配列決定に最も用いられている方法で，DNA ポリメラーゼ反応を利用した方法である．① 4本のポリメラーゼ反応液にdNTPのほかにさらに 2′位および 3′位にヒドロキシ基がないジデオキシ NTP（ddNTP，図12・5）を1種ずつ添加して反応を行って dNTP の代わりに

ジデオキシ法
dideoxy method

ジデオキシ NTP
dideoxy ribonucleoside triphosphate, ddNTP

(a) ddNTP の取込みで生成した DNA
(b) 反応液の電気泳動

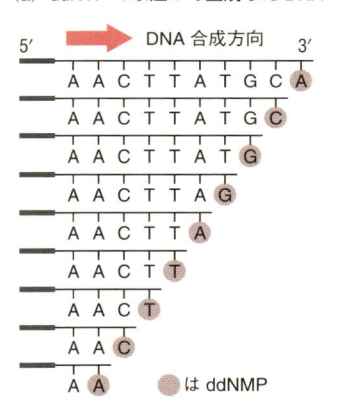

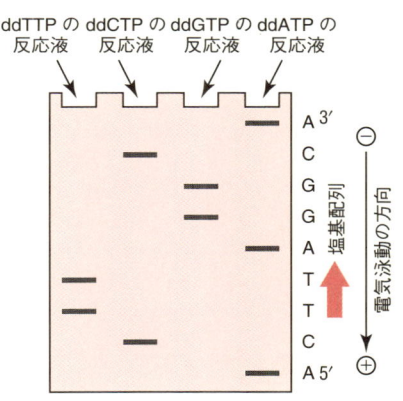

図12・6　ジデオキシ法　この例で塩基配列は，5′ACTTAGGCA3′と決定できる．

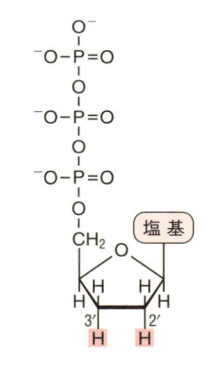

図12・5　ジデオキシ NTP

ddNTP を取込ませると DNA の 3′末端に ddNMP が取込まれるが，ddNMP は 3′位にヒドロキシ基がないためポリメラーゼ反応は停止する．したがって ddNTP が取込まれた位置によってその塩基が存在する部位で停止したすべての種類の DNA ができる．さらに4種の ddNTP の反応液が存在するのですべてのサイズの DNA ができる（図12・6a）．② この4本の反応液の DNA を同時に電気泳動すると，DNA は分子量の小さなものから泳動するので，泳動の順に塩基を確認すると DNA の塩基配列が決定できる（図12・6b）．また，ジデオキシヌクレオシドはリン酸化された後，DNA ポリメラーゼ反応を停止するので，抗ウイルス薬としても用いられている．

第13章　RNAの種類と働き

Key Words　　□RNAの構造　　□mRNA　　□tRNA　　□rRNA　　□リボソーム

基本問題 13・1　RNA の 構 造

> RNAに関する記述の空欄に最も適する語句を入れよ．
> (1) RNAに含まれる糖は，(ア　　)である．
> (2) RNAに含まれる塩基は，(イ～オ　　)である．
> (3) RNAは，(カ　　)がホスホジエステル結合で重合したものである．

ここが重要

　RNAは，数十〜数千のリボヌクレオシド一リン酸がホスホジエステル結合で重合した一本鎖ポリリボヌクレオチドで，糖にD-リボースを，塩基にアデニン(A)，グアニン(G)，シトシン(C)，ウラシル(U)を含む（図13・1）．糖にD-リボースを含むこと，および塩基にチミン(T)の代わりにウラシル(U)を含むことがDNAとは異なる．RNAは一本鎖であるが，分子内に相補的な配列（A≡U，G≡C）が存在すると，分子内の相補的塩基間の水素結合によって二本鎖を形成する場合もある*．

* 図13・2を参照．

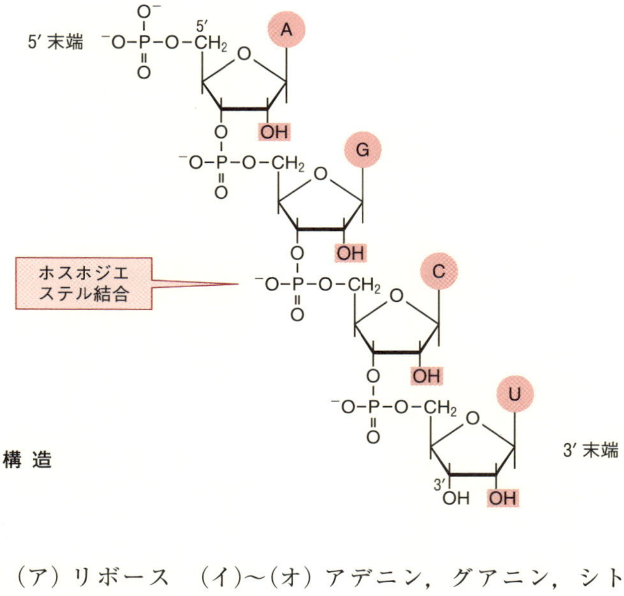

図13・1　RNA の 構 造

[解答]　（ア）リボース　（イ）〜（オ）アデニン，グアニン，シトシン，ウラシル　（カ）リボヌクレオシド一リン酸

基本問題 13・2　mRNA と tRNA

> RNAに関する記述の空欄に最も適する語句を入れよ．
> (1) DNAの塩基配列の情報をリボソームに伝える役割のRNAを（ア　　）RNAという．

(2) タンパク質合成の際に，アミノ酸を運搬する役割の RNA を（イ　　）RNA という．
(3) tRNA には（ウ　　）とよばれる通常の塩基とは異なる塩基が微量含まれる．

ここが重要

　遺伝情報の発現に関与するおもな RNA として，**メッセンジャー RNA**（**mRNA**），**転移 RNA**（**tRNA**），**リボソーム RNA**（**rRNA**）がある．
　mRNA は DNA の塩基配列を転写して生成した RNA で，タンパク質合成の際のアミノ酸配列の情報を含んでいる．真核生物の場合，転写直後の RNA は，遺伝情報を含まない**イントロン**が存在する**ヘテロ核 RNA**（**hnRNA**）であるが，イントロンが**スプライシング**反応により除かれて成熟 mRNA となる．また，真核生物の成熟 mRNA の 5′ 末端には，**キャップ構造**が，3′ 末端には**ポリ(A)構造**が存在する*．
　tRNA は約 70〜90 ヌクレオチドから成る RNA で，タンパク質合成の際に mRNA のアミノ酸の**コドン**を認識するとともに，アミノ酸の運送体となる．tRNA は 20 種類それぞれのアミノ酸につき 1 種類以上存在する．アミノ酸は tRNA の 3′ 末端のアデノシンに結合し（アミノアシル tRNA），tRNA の**アンチコドン**部分が，特定のアミノ酸を指定する mRNA のコドン部分を認識して結合している（図 13・2）．tRNA を二次元に描いたものがクローバー葉モデルで，

(a) クローバー葉モデル　　(b) 立体構造

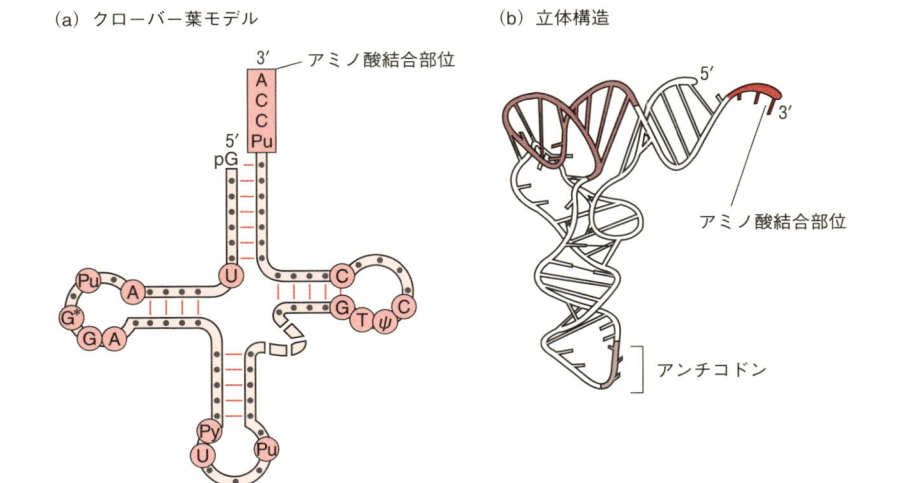

図 13・2　tRNA の構造

いずれの tRNA にも共通した構造で，共通した塩基も存在する．tRNA は通常の A，G，C，U の 4 種類の塩基のほかに**修飾塩基**とよばれる修飾された塩基を微量含む．

【解答】　（ア）m（またはメッセンジャー）　（イ）t（または転移）　（ウ）修飾塩基

メッセンジャー RNA
messenger RNA, mRNA

転移 RNA
transfer RNA, tRNA

リボソーム RNA
ribosomal RNA, rRNA

イントロン　intron

ヘテロ核 RNA
heterogeneous nuclear RNA, hnRNA

スプライシング　splicing

＊ キャップ構造およびポリ(A)構造については基本問題 15・2 を参照．

コドン　codon

アンチコドン　anticodon

修飾塩基（modified base）：微量塩基（minor base, rare base）ともいう．

基本問題 13・3　rRNA とリボソーム

rRNA とリボソームに関する記述の空欄に最も適する語句や数値を入れよ．
(1) リボソームの構成成分でありタンパク質と複合体を形成する RNA を（ア　　）RNA という．
(2) リボソームは（イ　　）の合成装置である．
(3) リボソームは（ウ　　）つのサブユニットから成る．
(4) リボソームに含まれる RNA は，原核生物で（エ　　）本，真核生物で（オ　　）本である．

リボソーム　ribosome

* S:
スベドベリ（Svedberg）単位, 沈降係数の単位.

ここが重要

rRNA は 120〜4700 ヌクレオチドから成り，タンパク質の合成装置であるリボソームを構成する RNA で，細胞に含まれる RNA の約 80 % を占める．原核生物のリボソームは 50S*サブユニットと 30S サブユニットから成る 70S の，真核生物のリボソームは 60S サブユニットと 40S サブユニットから成る 80S の巨大な分子である（図 13・3）．原核生物では，5S および 23S rRNA が約 34 種類のタ

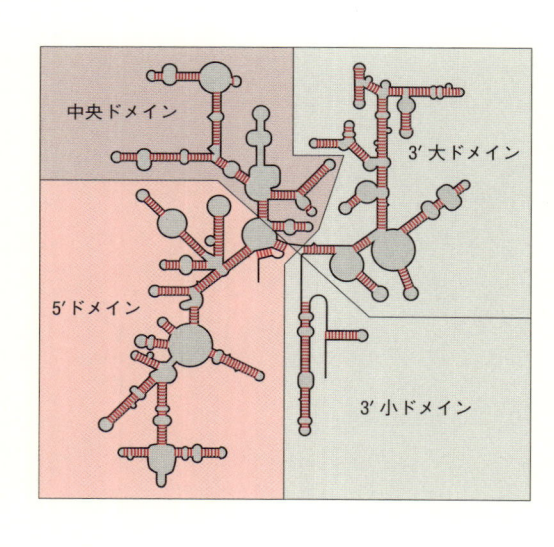

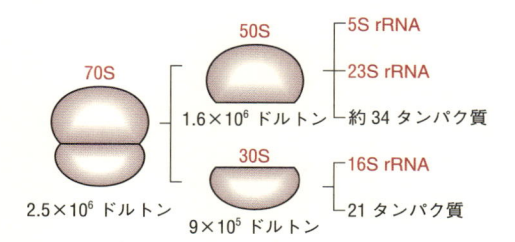

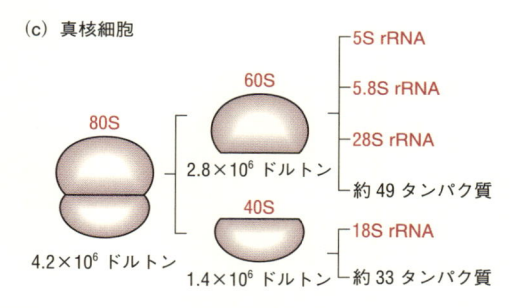

図 13・3　大腸菌の 16S rRNA（1540 ヌクレオチド）(a) とリボソームの構成成分 (b), (c)

ンパク質と 50S サブユニットを構成し，16S rRNA は 21 種類のタンパク質と 30S サブユニットを構成する．真核生物では，5S, 5.8S, 28S rRNA が約 49 種類のタンパク質と 60S サブユニットを構成し，18S rRNA は約 33 種類のタンパク質と 40S サブユニットを構成する．

解答　（ア）r（またはリボソーム）　（イ）タンパク質　（ウ）2　（エ）3　（オ）4

RANK up　　　低分子 RNA の働き

　生体内には，mRNA，tRNA，rRNA，ヘテロ核 RNA（hnRNA）のほかに，スプライシング反応にかかわる**核内低分子 RNA**（snRNA）や遺伝子の発現を抑制する**マイクロ RNA**（miRNA）や**低分子干渉 RNA**（siRNA）などが存在することが明らかになっている．

　snRNA は 60〜300 塩基の RNA で，核内でタンパク質と**核内低分子リボ核タンパク質**（snRNP）を形成し，mRNA のスプライシングに関与している．miRNA は 21 塩基程度の小さな RNA で，細胞質で mRNA の 3′ 側の非翻訳領域に結合し，翻訳を抑制する．また，siRNA も 22 塩基程度の小さな二本鎖 RNA で，片方の鎖が mRNA の一部に塩基配列に相補的で，mRNA に他のタンパク質とともに結合して，mRNA を分解することにより特定の遺伝子の発現を阻害する RNA である．これを **RNA 干渉**（RNAi）という．miRNA や siRNA は，RNA 医薬開発の対象となっている．

核内低分子 RNA
small nuclear RNA，snRNA

マイクロ RNA
micro RNA，miRNA

低分子干渉 RNA
small interfering RNA，siRNA

核内低分子リボ核タンパク質　small nuclear ribonucleoprotein，snRNP

RNA 干渉
RNA interference，RNAi

第14章　遺伝子と遺伝情報の流れ

Key Words　□セントラルドグマ　□複製　□転写　□翻訳　□遺伝子
　　　　　　　□遺伝子多型

基本問題 14・1　セントラルドグマ

セントラルドグマに関する以下の記述の空欄に最も適する語句を入れよ．
(1) DNAを鋳型としてDNAを合成することを（ア　　）という．
(2) DNAを鋳型としてRNAを合成することを（イ　　）という．
(3) RNAの塩基配列に基づいてタンパク質を合成することを（ウ　　）という．
(4) RNAを鋳型としてDNAを合成することを（エ　　）という．

ここが重要

セントラルドグマ（central dogma）：中心命題ともいう．

複製　replication
転写　transcription
翻訳　translation

逆転写　reverse transcription

逆転写酵素　reverse transcriptase

分子生物学の**セントラルドグマ**とは，細胞の中で"遺伝情報は，DNAからRNAへ，そしてRNAからタンパク質へと一方向に流れる"というものである（図14・1）．DNAを鋳型として同じ塩基配列のDNAを合成することを**複製**という．DNAの一方の鎖を鋳型として相補的な塩基配列のRNAを合成することを**転写**という．RNAの塩基配列に基づいてタンパク質を合成することを**翻訳**という．その後，RNAを遺伝子にもつ癌ウイルスの研究から，RNAを鋳型としてDNAを合成する反応も発見された．これを**逆転写**といい，反応を触媒する酵素を**逆転写酵素**という．また，RNAを遺伝子にもつ他のウイルスの研究から，RNAを鋳型としてRNAを合成する反応も見出された．

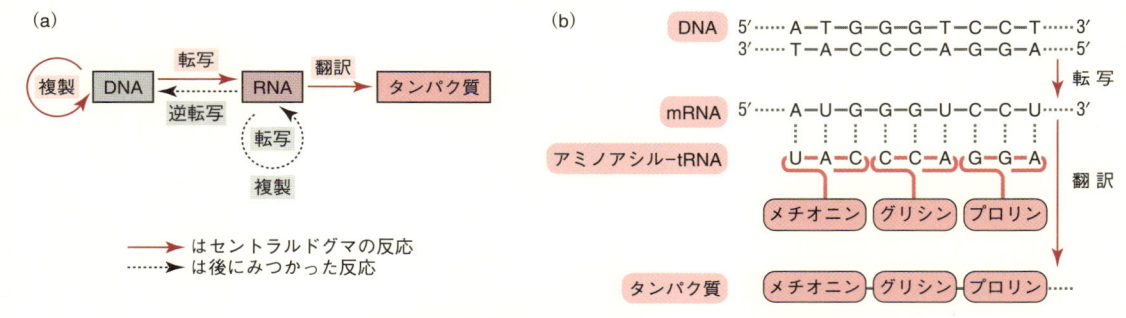

図 14・1　遺伝子発現に関するセントラルドグマ(a)とその分子過程(b)

解答　（ア）複製　（イ）転写　（ウ）翻訳　（エ）逆転写

基本問題 14・2　ゲノムと遺伝子

ゲノムと遺伝子に関する記述の空欄に最も適する語句や数値を入れよ．
(1) ヒトのゲノムは，約（ア　　）塩基対のDNAから成る．
(2) ヒトのゲノムには，約（イ　　）程度の遺伝子が存在する．
(3) 原核生物のシストロンは複数の遺伝子から成るので（ウ　　）という．

ここが重要

ゲノムとは，"遺伝子を含まない DNA の領域を含め，一つの生物がもつすべての遺伝子を含む DNA 全体 1 セット"をいう．

生物の細胞当たりの DNA 含量は生物種によって異なり，また，生物のゲノムサイズは生物種によって異なる．ヒトの場合，細胞核当たりに含まれる塩基対は 60 億（6×10^9）塩基対であるが，二倍体であるのでゲノム当たり 30 億（3×10^9）塩基対である（表 14・1）．

ゲノム genome

表 14・1 種々の生物のゲノムサイズと遺伝子数

生物種	ゲノム当たりの塩基対数〔bp〕	遺伝子数（推定）
大腸菌	4.6×10^6	4,300
酵母菌	12×10^6	6,400
線 虫	100×10^6	18,000
シロイヌナズナ	120×10^6	25,000
ショウジョウバエ	120×10^6	14,000
イ ネ	430×10^6	38,000
マウス	2500×10^6	27,000
ヒ ト	3000×10^6	23,000

真核生物の DNA には，タンパク質の遺伝子が含まれる部分のほかに，遺伝子を含まない部分が膨大に存在する．ヒトの場合，遺伝子の存在しない部分は全 DNA の 95 % 以上を占める．このような遺伝子を含まない部分には，塩基配列が繰返している**反復配列**が多く存在する．**ミニサテライト**や**マイクロサテライト**とよばれる**縦列反復配列**は，**DNA 鑑定**に利用される．

一つのプロモーターに属する遺伝子の転写単位を**オペロン**という．オペロンには，遺伝子のほかに 5′ 側上流および 3′ 側下流に含まれる転写効率の調節部位なども含まれる．また，遺伝子の存在する部位を**シストロン**といい，原核生物のオペロンは複数の遺伝子から成る場合が多く**ポリシストロニック**といわれ，真核生物の場合は一つの遺伝子から成るので**モノシストロニック**といわれる．

反復配列 repeated sequence
縦列反復配列 tandem repeat, tandemly repeated sequence
DNA 鑑定 DNA profiling
オペロン operon
シストロン cistron
ポリシストロニック polycistronic
モノシストロニック monocistronic

解 答 （ア）30 億（3×10^9） （イ）2.3 万（2.3×10^4） （ウ）ポリシストロニック

基本問題 14・3 遺伝子多型，一塩基多型（SNP）

遺伝子の多型に関する以下の記述の空欄に最も適する語句を入れよ．
(1) 人口の 1 % 以上の頻度で存在する遺伝子の変異を（ア　　）とよぶ．
(2) DNA の 1 塩基が他の塩基に置き換わっていることを（イ　　）という．
(3) SNP 解析により，（ウ　　）医療が可能になる．

ここが重要

人口の 1 % 以上の頻度で存在する遺伝子の変異を**遺伝子多型**とよび，マクロサテライト多型と一塩基多型がある．**一塩基多型**はゲノム DNA の 1 塩基が他の塩基に置き換わっていることで，**SNP** と略し**スニップ**と読む（図 14・2）．ヒトの

遺伝子多型 genetic polymorphism
一塩基多型 single nucleotide polymorphism, SNP

rSNP: reguratory SNP
cSNP: coding SNP

* 基本問題 16・3 を参照

iSNP: intronic SNP
uSNP: untranslated SNP

シトクロム P450
cytochrome P450, CYP

場合，SNP はゲノム当たり 300 万～1000 万個存在するといわれている．SNP はその存在する場所によっては遺伝子やタンパク質の機能に影響を与える．転写調節にかかわるプロモーターやエンハンサー領域の SNP を **rSNP** といい，転写量が増減する可能性がある．タンパク質をコードする領域の SNP を **cSNP** といい，アミノ酸の置換（ミスセンス変異）や終止コドンが出現（ナンセンス変異）する可能性がある*．また，イントロン部分の SNP(**iSNP**)や非翻訳領域の SNP(**uSNP**)は mRNA の転写量に影響を与える可能性がある．

SNP は疾患関連遺伝子を探索する際の有用なマーカーとなり，原因遺伝子を絞込むことができる．また，SNP が薬物代謝酵素である**シトクロム P450（CYP）**などの遺伝子部位に生じると薬物代謝に個人差が生じ，その結果，薬の効き目に個人差が生じることになる．SNP によってきわめて重篤な影響が考えられる場合には，遺伝子診断による SNP 解析が必要となる．また，SNP 解析によりそれぞれの個人に"適正な薬物を適正な量"投与する**テーラーメイド（オーダーメイド）医療**が可能になる．

······AGCCTATT**A**AGCTGGGA······
······TCGGATAA**T**TCGACCCT······

二つの DNA の間で A/T が G/C に 1 塩基だけ変化している

図 14・2　一塩基多型の例

······AGCCTATT**G**AGCTGGGA······
······TCGGATAA**C**TCGACCCT······

解答　（ア）遺伝子多型　（イ）一塩基多型　（ウ）テーラーメイドまたはオーダーメイド

🔍 RANK up　プロモーター，オペレーター，エンハンサー

遺伝子は，タンパク質に翻訳される部分（構造遺伝子）とオペレーターなど転写調節を行う部分（調節領域）から構成される（図 14・3）．プロモーター

プロモーター　promoter

(a)

DNA ── アクチベーター結合部位 ── P　O ── 遺伝子A｜遺伝子B｜遺伝子C → mRNA

プロモーター / オペレーター / リプレッサー結合部位

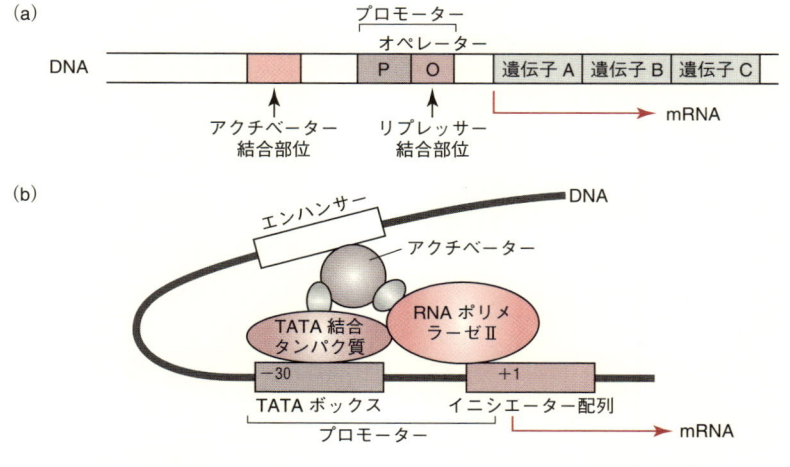

(b)

エンハンサー ── アクチベーター ── TATA 結合タンパク質 ── RNA ポリメラーゼ II
−30　TATA ボックス　+1　イニシエーター配列
プロモーター → mRNA

図 14・3　プロモーター，オペレーター，エンハンサーの作用の模式図
(a) は，原核生物の場合で，ポリシストロニックである．(b) は，真核生物の典型的な転写調節領域である．

はRNA合成を触媒するRNAポリメラーゼが結合するDNA部位のことで，通常遺伝子に接した上流部分に存在する．またプロモーター部位に転写調節に関与する**オペレーター**部位が含まれることもある．

　エンハンサーは，通常プロモーターから離れた位置に存在し，**アクチベーター**とよばれるタンパク質が結合して遺伝子の転写効率を増強する領域のことである．また，逆に転写効率を低下する**サイレンサー**もみつかっている．

オペレーター	operator
エンハンサー	enhancer
サイレンサー	silencer

第15章　遺伝子の転写反応

Key Words　　□ RNAポリメラーゼ　　□ RNAプロセシング　　□ cDNAライブラリー
　　　　　　　　□ 転写調節

基本問題 15・1　転　写　反　応

　転写反応に関する以下の記述の空欄に最も適する語句や数値を入れよ．
(1) 真核生物の場合，転写反応は細胞の（ア　　）内で行われる．
(2) 転写反応を触媒する酵素を（イ　　）という．
(3) 転写反応は酵素，リボヌクレオチドのほかに（ウ　　）が必要である．
(4) 真核生物の場合，転写反応を触媒する酵素は（エ　　）種類存在する．

ここが重要

転写　transcription
鋳型　template
RNAポリメラーゼ
RNA polymerase

　転写反応は，DNAを**鋳型**として相補的な塩基配列のRNAを合成することで，反応式は図15・1のように書ける．反応には触媒酵素である **RNAポリメラーゼ**，基質のリボヌクレオチドおよび鋳型DNAが必要で，新生鎖は5′末端から3′末端の方向に合成される（図15・2）．反応にプライマーを必要としないので，合成したRNAの5′末端のヌクレオチドは三リン酸である．

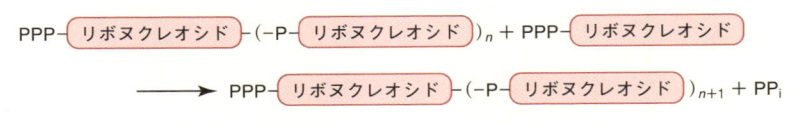

PPP−[リボヌクレオシド]−(−P−[リボヌクレオシド])$_n$ + PPP−[リボヌクレオシド]

⟶ PPP−[リボヌクレオシド]−(−P−[リボヌクレオシド])$_{n+1}$ + PP$_i$

図 15・1　RNAの合成　Pはリン酸，PP$_i$はピロリン酸．

表 15・1　真核生物のRNAポリメラーゼ

タイプ	核内の所在	転写産物
I	核小体	18S，5.8S，28S rRNA
II	核質	hnRNA(mRNA前駆体)，snRNA
III	核質	tRNA，5S rRNA

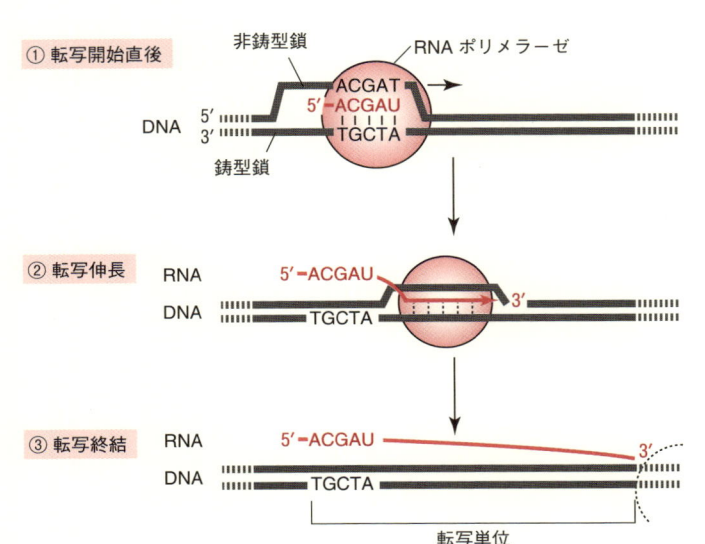

① 転写開始直後　非鋳型鎖　RNAポリメラーゼ
DNA 5′ ACGAT / 5′−ACGAU / TGCTA 3′　鋳型鎖

② 転写伸長　RNA 5′−ACGAU　3′
DNA TGCTA

③ 転写終結　RNA 5′−ACGAU　3′
DNA TGCTA
転写単位

図 15・2　RNAポリメラーゼによる転写反応

真核生物の場合，RNA ポリメラーゼは核小体で rRNA を合成する **RNA ポリメラーゼ I**，核質で mRNA の前駆体である hnRNA を合成する **RNA ポリメラーゼ II**，同じく核質で tRNA と 5S rRNA を合成する **RNA ポリメラーゼ III** の 3 種類である（表 15・1）．RNA ポリメラーゼ II は，その C 末端がリン酸化されて活性型となる．

原核生物の場合は 1 種類の RNA ポリメラーゼが，細胞質で RNA 合成を行う．RNA ポリメラーゼの **σ（シグマ）因子** がプロモーター部位を認識し，コア酵素が結合してホロ酵素となって転写反応が始まる．転写が始まると σ 因子は離脱し，コア酵素が転写終結部位（ターミネーター）まで RNA 鎖を合成する．

σ 因子
σ factor, sigma factor

解答　（ア）核　（イ）RNA ポリメラーゼ　（ウ）鋳型 DNA　（エ）3

基本問題 15・2　RNA プロセシング

真核生物の mRNA に関する以下の記述の空欄に最も適する語句を入れよ．
(1) 転写直後の RNA（hnRNA）には遺伝情報を含む（ア　　）のほかに遺伝情報を含まないイントロンが存在する．
(2) hnRNA からイントロンを除く反応を（イ　　）という．
(3) hnRNA および mRNA の 5′ 末端には（ウ　　）構造が存在する．
(4) 成熟 mRNA の 3′ 末端には（エ　　）鎖が存在する．

ここが重要

イントロンは遺伝子の中に分散する遺伝情報を含まない DNA 部分のことで，ヒトの場合，1 遺伝子に平均 9 個のイントロンが存在する．一方，**エキソン**は遺伝子のうち，タンパク質のアミノ酸配列の遺伝情報を含む部分のことである．

RNA プロセシングは，真核生物の核内で起こる特徴的な反応であり，成熟

イントロン　intron

エキソン　exon

RNA プロセシング
RNA processing

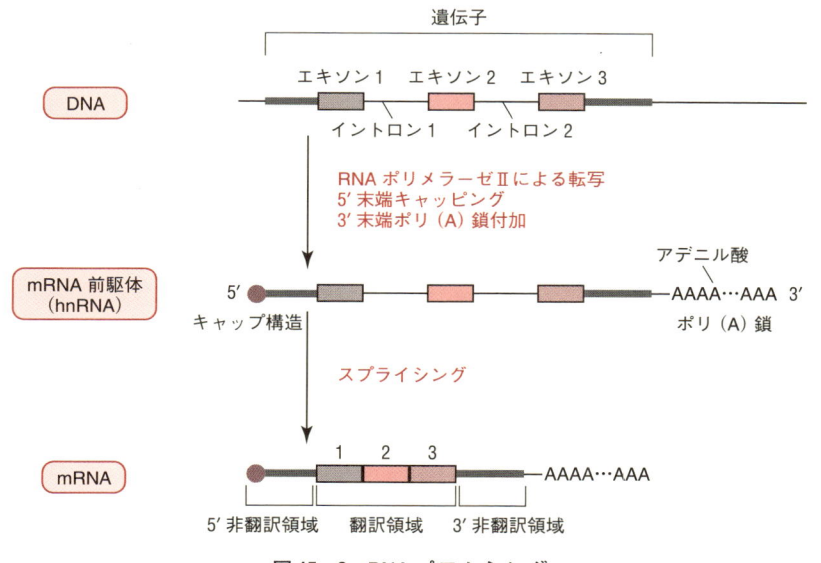

図 15・3　RNA プロセシング

mRNA 生成の過程で起こる（図 15・3）．RNA ポリメラーゼⅡによる転写が開始するとすぐに，合成されつつある RNA の 5′ 末端に**キャップ構造**が形成される．また，転写終結時の RNA（hnRNA）の遺伝子部分より 3′ 側には**ポリ（A）シグナル**が存在し，この部分で hnRNA は切断され 3′ 末端には，ポリ（A）ポリメラーゼにより，数百残基の 5′-AMP から成る**ポリ（A）鎖**が合成される．さらに，hnRNA には遺伝情報を含まないイントロンが存在するので，**核内低分子リボ核タンパク質**（snRNP）から成るスプライソソームによりこれを除く**スプライシング**反応が進行し，エキソンのみから成る成熟 mRNA が生成される．この後，mRNA は細胞質に移行してタンパク質合成の鋳型となる．

原核生物の場合には，RNA プロセシングの反応は存在しないので，転写により細胞質に生成した mRNA にリボソームが直ちに結合して翻訳反応が進行する．

［解答］ （ア）エキソン （イ）スプライシング （ウ）キャップ （エ）ポリ（A）

キャップ構造
cap structure

ポリ（A）鎖　poly A chain

核内低分子リボ核タンパク質　small nuclear ribonucleoprotein, snRNP

基本問題 15・3　cDNA ライブラリー

遺伝子ライブラリーに関する以下の記述の空欄に最も適する語句を入れよ．
(1) cDNA ライブラリーの作製には，（ア　　）酵素や DNA 連結酵素（DNA リガーゼ）を用いる．
(2) cDNA ライブラリーには，遺伝子の（イ　　）は存在しない．
(3) 遺伝子ライブラリーには，cDNA ライブラリーと（ウ　　）DNA ライブラリーがある．

cDNA ライブラリー
cDNA library

cDNA（complementary DNA）：相補的 DNA ともいう．ここでは mRNA の塩基配列に相補的な塩基配列の DNA．

ベクター　vector

ここが重要

cDNA ライブラリーは，mRNA の情報をもった DNA のライブラリーである（図 15・4）．mRNA を鋳型として逆転写酵素を用いて mRNA に相補的な塩基配列の DNA（**cDNA**）を調製し，DNA 連結酵素（DNA リガーゼ）を用いて**ベクター**（遺伝子の運び屋）に導入したものである．したがって，cDNA ライブラリーには，

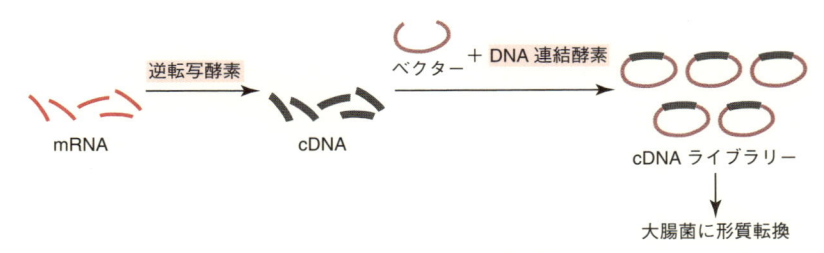

図 15・4　cDNA ライブラリーの作製法

ライブラリー作製時の全 mRNA の情報が含まれ，イントロンや反復配列など mRNA に含まれない情報は存在しない．これとは別に，ゲノム DNA から作製したライブラリーを**ゲノム DNA ライブラリー**といい，両者を合わせて**遺伝子ライブラリー**という．遺伝子ライブラリーから特定の株を選び出すことを**クローニング**といい，クローニングした遺伝子は，大腸菌や酵母，動物細胞でタンパク質として発現することができる．

クローニング　cloning

［解答］ （ア）逆転写 （イ）イントロン （ウ）ゲノム

RANK up　　　ラクトースオペロン

　遺伝子の発現量は，遺伝子の転写量により調節されている場合が多く，この調節を**転写調節**という．転写調節の典型的な例として大腸菌の**ラクトースオペロン**（*lac* オペロン）があげられる．ラクトースオペロンは，大腸菌がラクトース（乳糖）を炭素源として利用する際に必要なβ-ガラクトシダーゼなどの酵素群のオペロンである．大腸菌は，通常はグルコースを炭素源としているので，培地中にグルコースが存在する場合にはラクトースオペロンは発現する必要がない．このような場合には *I* 遺伝子産物の**リプレッサー**が DNA のプロモーター下流部のオペレーターに結合することによりその立体障害によっ

転写調節　transcriptional control

ラクトースオペロン lactose operon

リプレッサー　repressor

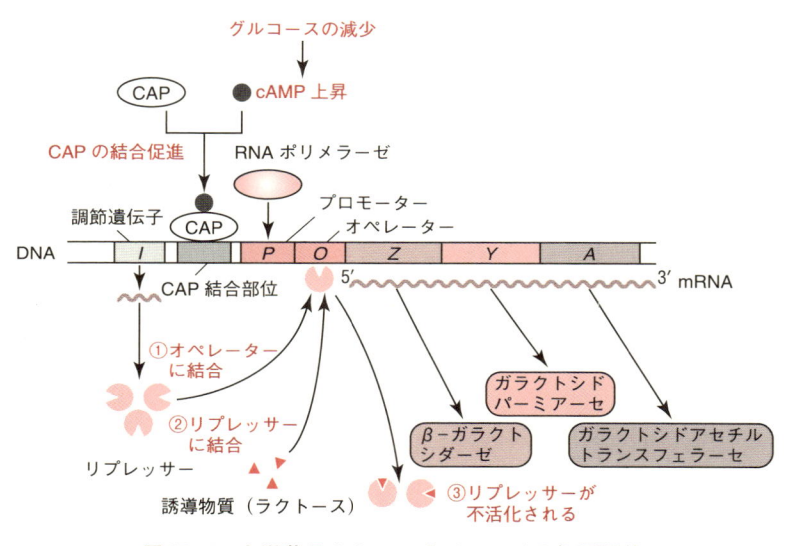

図 15・5　大腸菌ラクトースオペロンでの転写調節

て RNA ポリメラーゼによる転写反応を防止する（図 15・5, ①）．一方，培地中にグルコースがなくなりラクトースが存在する場合には，細胞内のラクトースがリプレッサーに結合し（②），リプレッサーの立体構造が変化してリプレッサーは DNA から離れる（③）．これにより RNA ポリメラーゼは，転写が可能となり，遺伝子は発現するのでラクトースの利用が可能になる．これをラクトースによるラクトースオペロンの**誘導**という．

　ラクトースオペロンではリプレッサーによる転写反応阻害機構のほかに**サイクリック AMP（cAMP）**による転写調節機構も存在する．培地中のグルコースが減少すると細胞内の cAMP の濃度が高くなり cAMP は**アクチベーター**タンパク質である cAMP 結合タンパク質（CAP または CRP）と結合する．cAMP-CAP 複合体は，プロモーター上流に結合し転写反応を促進する．このように大腸菌はラクトースオペロンの発現に関して二つのシステムで転写調節している．大腸菌では**トリプトファンオペロン**のリプレッサーによる転写調節機構も明らかになっている．

誘導　induction

サイクリック AMP cyclic AMP, cAMP

アクチベーター　activator

第 16 章　遺伝子の翻訳（タンパク質合成）

Key Words　□タンパク質合成　□コドン　□アミノアシル tRNA　□mRNA　□リボソーム　□突然変異（変異）

基本問題 16・1　コドンとアミノアシル tRNA

コドンおよび tRNA に関する記述の空欄に最も適する語句や数値を入れよ．
(1) アミノ酸のコドンは（ア　　）つの塩基から成る．
(2) tRNA には，アミノ酸を結合する部位と mRNA のコドンと結合する（イ　　）部位がある．
(3) 終止コドンは，（ウ　　）種類ある．
(4) アミノ酸を結合した tRNA を（エ　　）tRNA という．

ここが重要

コドン　codon

　mRNA のアミノ酸を指定する**コドン**（暗号）は三つの塩基から成り，塩基は4種類存在するのでコドンは 4×4×4＝64 通りの組合わせが可能である（表 16・1）．これらのコドンは，基本的にすべての生物で共通である．**メチオニン**（AUG）と**トリプトファン**（UGG）はコドンが1種類で，他のアミノ酸は2種類以上のコドンがある．また，三つのコドン（UAA, UAG, UGA）は指定するアミノ酸がなく，これらのコドンが mRNA に現れるとタンパク質の合成が終結するので，これらを**終止コドン**という．

終止コドン　termination codon

表 16・1　コドン表

1番目	2番目 U	2番目 C	2番目 A	2番目 G	3番目
U	UUU, UUC フェニルアラニン / UUA, UUG ロイシン	UCU, UCC, UCA, UCG セリン	UAU, UAC チロシン / UAA, UAG 終止	UGU, UGC システイン / UGA 終止 / UGG トリプトファン	U C A G
C	CUU, CUC, CUA, CUG ロイシン	CCU, CCC, CCA, CCG プロリン	CAU, CAC ヒスチジン / CAA, CAG グルタミン	CGU, CGC, CGA, CGG アルギニン	U C A G
A	AUU, AUC, AUA イソロイシン / AUG メチオニン	ACU, ACC, ACA, ACG トレオニン	AAU, AAC アスパラギン / AAA, AAG リシン	AGU, AGC セリン / AGA, AGG アルギニン	U C A G
G	GUU, GUC, GUA, GUG バリン	GCU, GCC, GCA, GCG アラニン	GAU, GAC アスパラギン酸 / GAA, GAG グルタミン酸	GGU, GGC, GGA, GGG グリシン	U C A G

アミノアシル tRNA 合成酵素　aminoacyl-tRNA synthetase

アミノアシル tRNA　aminoacyl-tRNA

　tRNA は**アミノアシル tRNA 合成酵素**によって，3′末端の AMP にアミノ酸を結合した**アミノアシル tRNA** となる．

$$\text{アミノ酸} + \text{ATP} + \text{tRNA} \rightarrow \text{アミノアシル tRNA} + \text{AMP} + \text{PP}_i$$

　アミノアシル tRNA は，リボソーム上，**アンチコドン**部位で mRNA のコドンを認識して水素結合する．

解答　（ア）三　（イ）アンチコドン　（ウ）3　（エ）アミノアシル

基本問題 16・2　翻訳反応（タンパク質合成），リボソーム

翻訳反応（タンパク質合成）に関する記述の空欄に最も適する語句を入れよ．
(1) 真核生物での翻訳反応は，細胞の（ア　　　）で行われる．
(2) 翻訳反応を触媒する装置を（イ　　　）という．
(3) 翻訳反応は，原核生物ではN末端アミノ酸の（ウ　　　）から，真核生物ではN末端アミノ酸の（エ　　　）から開始する．

ここが重要

mRNA塩基配列の情報（コドン）にしたがって，tRNAの運ぶアミノ酸からタンパク質（ポリペプチド）を合成することを**翻訳**といい，反応は巨大分子の**リボソーム**により行われる．mRNAの遺伝情報は 5′ 側から読取られ，タンパク質はN末端側から合成される．真核生物の場合は合成開始のN末端アミノ酸はメチオニンであり，原核生物の場合は **N-ホルミルメチオニン**（fMet）である．原核生物は核がないために転写とともに翻訳反応が進行する．真核生物の場合，翻訳反応は細胞質のリボソームにより行われる．原核生物と真核生物の翻訳反応は，基本的にはほぼ同様の機構で進行するが，真核生物の場合はより複雑である．下記および図 16・1 に原核生物の場合を中心に紹介する．

翻訳　translation

リボソーム（ribosome）：図 13・3 を参照．

N-ホルミルメチオニン
N-formylmethionine

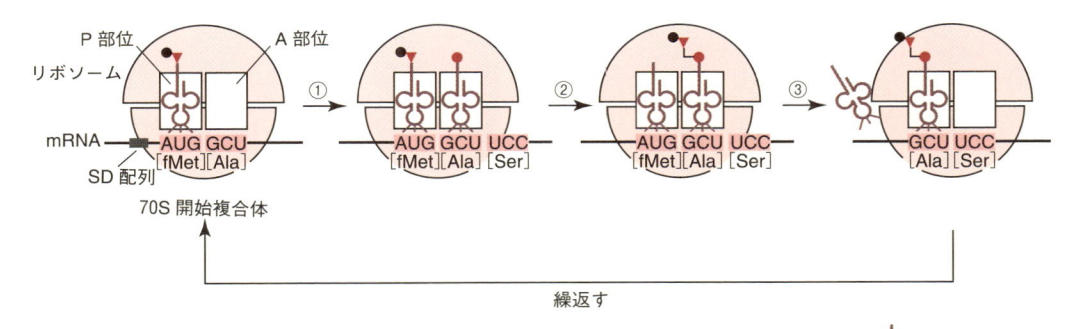

図 16・1　リボソームによるタンパク質合成の伸長反応（原核生物）　　fMet，　Ala，　tRNA

リボソームは mRNA，N-ホルミルメチオニン tRNA と**開始複合体**を形成した後に，タンパク質合成の伸長反応として，①リボソームの **A部位**に，コドンに適合したアミノアシル tRNA の導入，②**ペプチジルトランスフェラーゼ反応**による，P部位のアミノ酸と A部位のアミノ酸の間でのペプチド結合の形成，③ペプチジル tRNA の A部位から **P部位**への移動と mRNA の1コドン分の移動，P部位からの脱アシル tRNA の遊離，のサイクルを繰返すことによって，mRNA のコドンにしたがったタンパク質の生合成を行う．③の反応を**転位**という．

開始複合体
initiation complex

A部位　A site, aminoacyl site

ペプチジルトランスフェラーゼ　peptidyltransferase

P部位
P site, peptidyl site

転位　translocation

解答　（ア）細胞質　（イ）リボソーム　（ウ）N-ホルミルメチオニン
（エ）メチオニン

基本問題 16・3　突然変異・DNA の変異

DNA の変異に関する以下の記述の空欄に最も適する語句を入れよ．
(1) タンパク質のアミノ酸が，他のアミノ酸に置き換わる変異を（ア　　）変異という．
(2) タンパク質のコドンが，終止コドンに変化する変異を（イ　　）変異という．
(3) タンパク質のアミノ酸の読み枠が変化する変異を（ウ　　）変異という．

ここが重要

突然変異 (mutation)：変異ともいう．

点突然変異
point mutation

ミスセンス変異
missense mutation

ナンセンス変異
nonsense mutation

　種々の原因により遺伝子 DNA に変化が生じ，遺伝形質に変化が現れ，その形質が子孫に遺伝することを**突然変異（変異）**というが，現在では DNA に変化が生じた場合も変異という．変異の原因には，紫外線や放射線，変異原化合物，活性酸素，DNA 複製におけるミスなど物理的，化学的原因がある．
　DNA に 1 個から数個の塩基配列の変化を伴う変異を**点突然変異**といい，点突然変異にはヌクレオチドが他のヌクレオチドに変わる**塩基置換変異**やヌクレオチドの**挿入，欠失**がある．タンパク質のアミノ酸をコードする領域に塩基置換変異が生じると，他のアミノ酸に変わる**ミスセンス変異**や終止コドンに変わる**ナンセ**

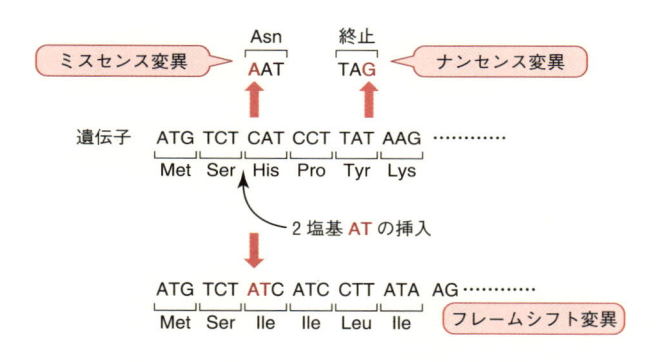

図 16・2　アミノ酸コード領域で起こる変異

フレームシフト変異
frameshift mutation

ンス変異が生じる（図 16・2）．また，塩基の挿入や欠失が生じると，コドンの読み枠がずれる**フレームシフト変異**が生じる．

解答　（ア）ミスセンス　（イ）ナンセンス　（ウ）フレームシフト

RANK up　原核生物におけるタンパク質合成

開始反応　タンパク質の合成は，N 末端の **N-ホルミルメチオニン**から開始するが，開始コドンの AUG は，リボソームの 30S サブユニットが mRNA の数残基上流に存在する**シャイン・ダルガルノ配列**を認識して結合することによって認識される．この複合体に，N-ホルミルメチオニン tRNA，**開始因子**，リボソームの 50S サブユニットが関与して 70S 開始複合体を形成する．N-ホルミルメチオニン tRNA はリボソームの **P 部位**に結合する．

シャイン・ダルガルノ配列
(Shine-Dalgarno sequence)：SD 配列ともいう．

開始因子
initiation factor, IF

伸長反応　mRNA のもつアミノ酸の情報は，アミノ酸を結合したアミ

ノアシル tRNA のアンチコドン部位により認識され，コドンに適合したアミノアシル tRNA がくると，ペプチド結合が形成される．この反応を**ペプチジルトランスフェラーゼ**反応といい，触媒する酵素は，RNA 酵素の**リボザイム**である．ペプチド鎖の伸長反応には，アミノアシル tRNA，**伸長因子**，GTP が必要で，図 16・1 の①〜③の反応を繰返すことによりペプチド鎖は RNA のコドンに従って伸びてゆく．

終 結 反 応　mRNA の **A** 部位に終止コドンが現れると，**遊離因子**が終止コドンに結合する．ついで，新生ポリペプチドと tRNA の間のエステル結合が加水分解され，新生ポリペプチド鎖が遊離される．さらに，tRNA と mRNA がリボソームから遊離するとともに，リボソームは 30S と 50S に解離して新たなペプチド合成反応にかかわる．

リボザイム　ribozyme

伸長因子
elongation factor, EF

遊離因子
release factor, RF

第17章　DNA の複製

Key Words　　　□DNA ポリメラーゼ　　□半保存的複製　　□複製フォーク　　□不連続複製

基本問題 17・1　DNA の複製反応

> DNA の複製反応に関する以下の記述の空欄に最も適する語句を入れよ．
> (1) 複製反応とは，鋳型 DNA と同一の（ア　　　）を複製することである．
> (2) 真核生物の場合，複製反応は細胞の（イ　　　）内で行われる．
> (3) 複製反応を触媒する酵素を（ウ　　　）という．
> (4) 複製反応では酵素，dNTP，鋳型のほかに（エ　　　）が必要である．

ここが重要

複製　replication

細胞分裂の際に起こる DNA の**複製**反応は，親の細胞の二本鎖 DNA の各々の鎖を**鋳型**として鋳型 DNA と相補的な DNA を合成することである．真核生物の場合反応は核内で進行し，反応式は図 17・1 のように書ける．

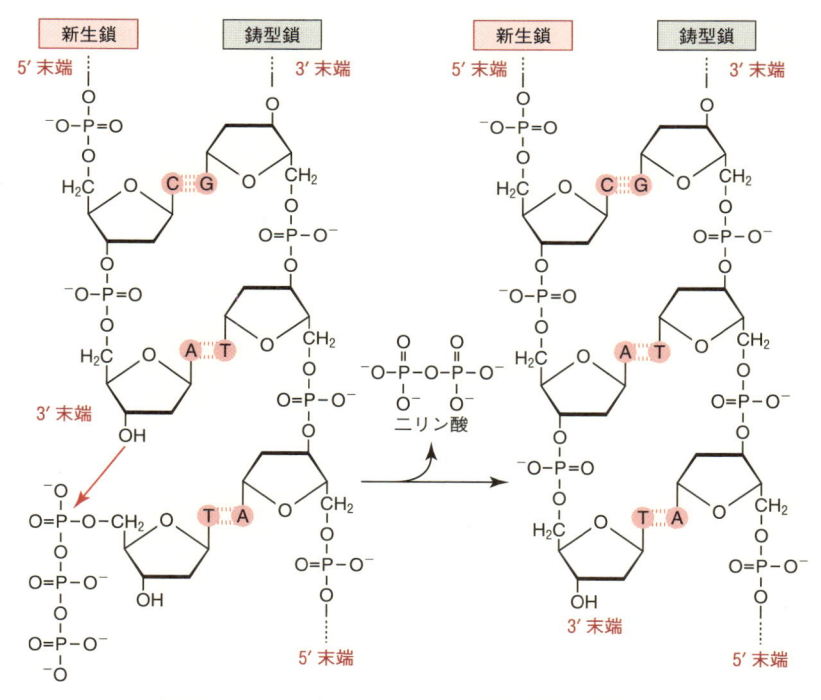

図 17・1　DNA ポリメラーゼによる DNA の複製反応

DNA ポリメラーゼ
DNA polymerase
プライマー　primer

反応には触媒酵素である **DNA ポリメラーゼ**，プライマー，dNTP および鋳型 DNA が必要である．プライマーは，RNA が用いられ，新生鎖は RNA ポリメラーゼの場合と同様に，5′ 末端から 3′ 末端方向に合成される．

解答　（ア）DNA　（イ）核　（ウ）DNA ポリメラーゼ　（エ）RNA プライマー

第17章　DNAの複製　　85

基本問題 17・2　半保存的複製，複製反応

複製反応に関する以下の記述の空欄に最も適する語句を入れよ．
(1) 複製反応の機構には，保存的複製，半保存的複製，ランダム複製が考えられるが，細胞内でのDNA複製は（ア　　）複製である．
(2) 複製反応の機構は同位元素（イ　　）を用いることにより明らかにされた．
(3) 複製部位では2本のDNA鎖が同時に合成されるためこの部位を（ウ　　）という．
(4) 不連続複製によって生じた短いDNAを（エ　　）という．

ここが重要

半保存的複製とは，親の二本鎖DNAが，それぞれ新しく生成した2組のDNAに分配されるような複製様式で（図17・2a），^{15}Nで標識したDNAと分析用超遠心機を用いて明らかにされた．

半保存的複製
semiconservative replication

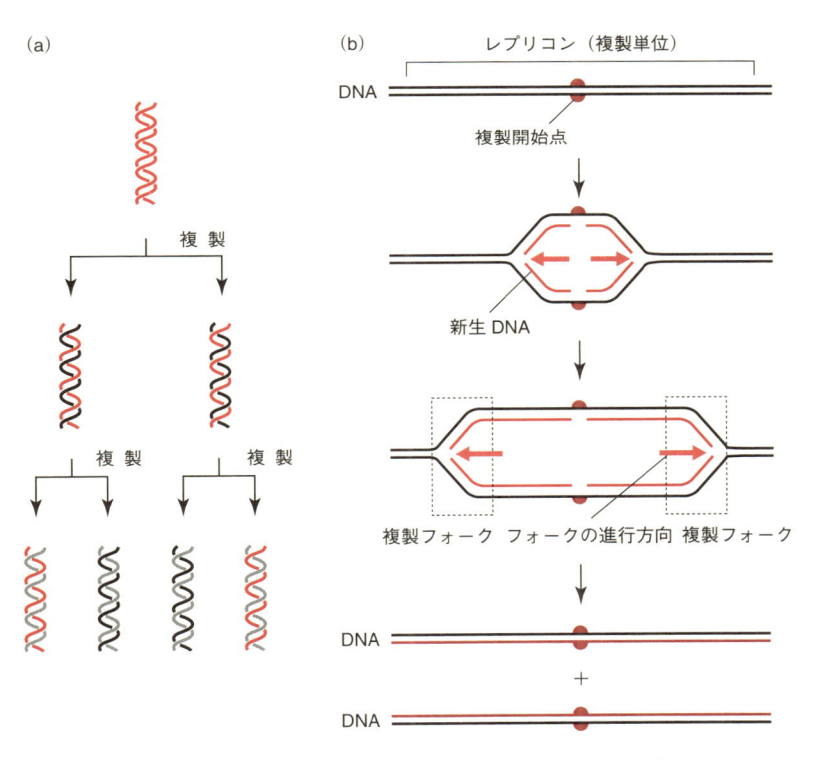

図17・2　半保存的複製(a)と両方向への複製反応(b)

a. 複製の開始　　DNA複製は**複製開始点**とよぶDNAの特定の位置から開始され，多くの生物では両方向に向かって複製される（図17・2b）．複製開始点は，大腸菌の場合は1箇所であるが，ヒトのように巨大なゲノムをもつ生物では数万箇所存在し，ユークロマチン*部位から優先的に両方向に向かって複製する．

b. 伸長反応　　DNA鎖の伸長反応はDNAポリメラーゼによって上記の反応にしたがって触媒される．二本鎖のDNAを複製するため複製部位はその形か

複製開始点
replication origin

* ユークロマチンについては基本問題11・3を参照．

複製フォーク (replication fork): 基本問題 17・3 を参照.

ら複製フォークとよばれる.

c. 複製の終結　複製反応は開始反応と同様に DNA の特定の部位で終結する．大腸菌の場合は 1 箇所であるが，巨大なゲノムをもつ生物では多数の終結点が存在し，終結点で両側から進んできた伸長反応が出合って 2 組の DNA が生成する．

[解答]　（ア）半保存的　（イ）^{15}N　（ウ）複製フォーク　（エ）岡崎フラグメント

基本問題 17・3　複製フォーク，不連続複製

複製フォークに関する記述の空欄に最も適する語句を入れよ．
(1) 複製フォークで鋳型 DNA の二重らせんを解く酵素を（ア　　）という．
(2) RNA プライマーを合成する酵素を（イ　　）という．
(3) 連続的に合成される DNA は（ウ　　）鎖といい，不連続に合成される DNA は（エ　　）鎖という．
(4) 岡崎フラグメント同士を連結する酵素を（オ　　）という．

DNA ヘリカーゼ
DNA helicase

一本鎖 DNA 結合タンパク質　single-stranded DNA binding protein, SSB

▶ここが重要

伸長反応は，原核生物も真核生物もほぼ同様の機構で進む．複製フォークでは，**DNA ヘリカーゼ**が DNA 二重らせんを解き一本鎖の DNA とする（図 17・3）．一本鎖となった DNA には**一本鎖 DNA 結合タンパク質（SSB）**が結合する．DNA ポリメラーゼは新生鎖 DNA を 5′ 端から 3′ 端方向に合成するので，3′ 端か

リーディング鎖
leading strand

不連続複製
discontinuous replication

岡崎フラグメント
Okazaki fragment

プライマーゼ　primase

DNA リガーゼ
DNA ligase

ラギング鎖
lagging strand

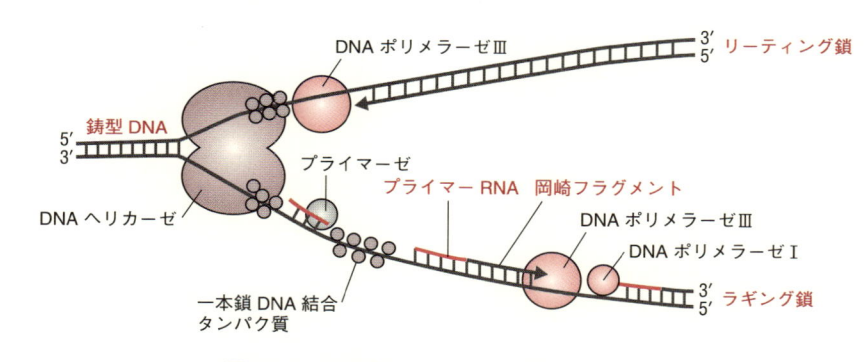

図 17・3　大腸菌の複製フォークで起こる反応

ら 5′ 端方向の鋳型 DNA では複製反応が連続的に進行し，この鎖を**リーディング鎖**（先行鎖）という．一方，方向性が 5′ 端から 3′ 端方向の鋳型 DNA では，合成は断片的に行われ，この複製の様式を**不連続複製**といい，合成された DNA 断片を**岡崎フラグメント**という．プライマーゼにより合成された RNA プライマーは酵素によって DNA に置き換えられた後，**DNA リガーゼ**によって結合されて鎖は伸長する．この不連続に複製される DNA 鎖を**ラギング鎖**（遅延鎖）という．

[解答]　（ア）DNA ヘリカーゼ　（イ）プライマーゼ　（ウ）リーディング　（エ）ラギング　（オ）DNA リガーゼ

第17章 DNA の複製　　87

RANK up　　テロメアの伸長

　染色体の末端部である**テロメア**は，DNA の繰返し配列から成り，ヒトの場合 5′ TTAGGG 3′ という配列が 1000 回以上繰返されている．テロメアは DNA 複製反応の際，プライマー部分が除かれるため複製反応のたびに短くなってゆく．正常細胞に細胞分裂の寿命が存在するのはこのためといわれている．これを防ぐためにテロメアの伸長反応を触媒するのが**テロメラーゼ**で，テロメラーゼは，テロメア部分に相補的な塩基配列の**鋳型 RNA** をもった**逆転写酵素**の一種である（図 17・4）．ヒトでは，生殖細胞と一部の細胞を除いてテロメラー

テロメア　telomere

テロメラーゼ　telomerase

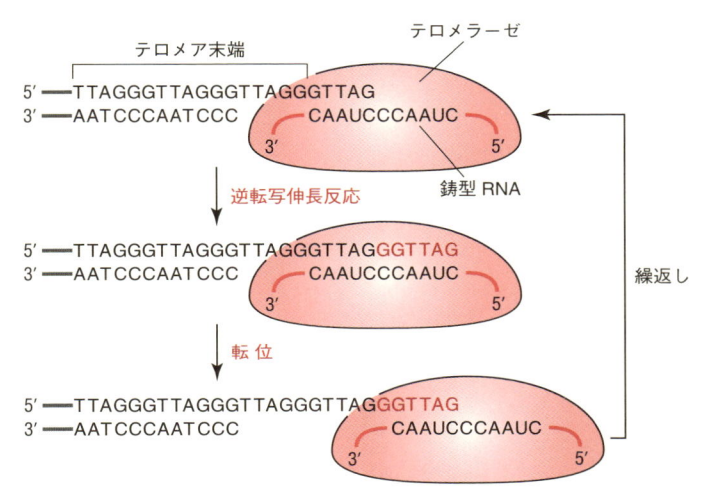

図17・4　テロメラーゼの反応

ゼの活性は検出されていない．しかし，ほとんどの癌細胞ではテロメラーゼの活性発現が確認されており，癌化した細胞が無限に細胞分裂（**不死化**）する原因と考えられている．

不死化　immortalization

RANK up　　遺伝子工学の医療分野への応用

　遺伝子工学の技術のうち，医療分野へ応用されているものにはつぎのようなものがある．
　遺伝子組換え医薬は，DNA を資源に遺伝子操作の技術を用いて開発したペプチドまたはタンパク質を有効成分とする医薬品である．日本では，酵素，ホルモン，血液凝固因子，サイトカイン，ワクチン，モノクローナル抗体など約 100 種類が使用されている．**遺伝子診断**は，目的の遺伝子を含むごく微量の DNA を，PCR 法により増幅して分析する技術であり，肝炎ウイルスやヒト免疫不全ウイルスなどの感染症の診断に威力を発揮する[*]．また，薬物代謝酵素の SNP 解析によって**テーラーメイド（オーダーメイド）医療**が可能となる．**遺伝子治療**は，遺伝子の変異・欠損によって発病した患者に対して正常な当該遺伝子を導入したり，サイトカインのような生理活性物質の遺伝子を導入して治療効果をあげる方法である．

遺伝子工学
genetic engineering

遺伝子組換え医薬
recombinant medicine

遺伝子診断　genetic diagnosis

[*] PCR 法については第 12 章 RANK up "微量のDNAを増やす方法"を，SNPについては基本問題 14・3 を参照．

遺伝子治療　gene therapy

Challenge 第Ⅲ部の発展問題

第11章

1 つぎの図は，エンドウの種子の形（丸形・しわ形）と子葉の色（黄・緑）についての二遺伝子雑種の遺伝について描いたものである．

［丸形・黄］と［しわ形・緑］の純系の親（P）同士を交雑すると，F_1 はすべて［丸形・黄］となった．

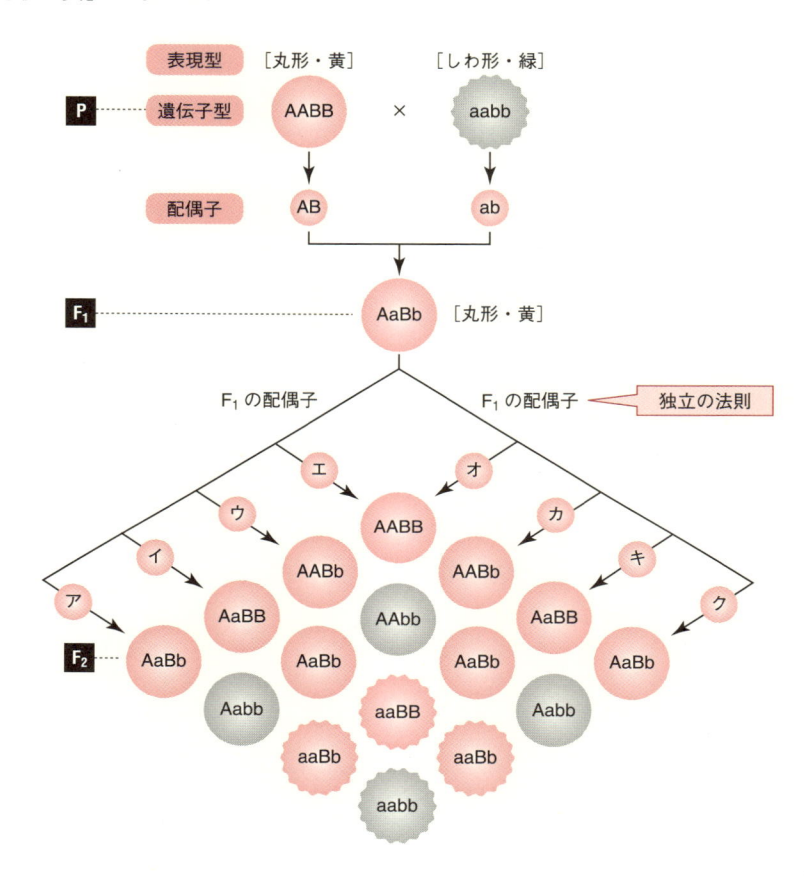

(1) ア～クに F_1 の配偶子の遺伝子型を記入せよ．
(2) F_2 では，［丸形・黄］：［丸形・緑］：［しわ形・黄］：［しわ形・緑］の比率はいくらになるか．

2 遺伝と細胞に関する語句について以下の問題に答えよ．

a. 染色体   b. 配偶子   c. 一倍体   d. 二倍体
e. 四倍体   f. 体細胞分裂   g. 減数分裂   h. セントロメア
i. 伴性遺伝   j. 血友病

(1) 卵や精子，胞子などのことを何というか．
(2) 通常の体細胞は何倍体の細胞か．
(3) 皮膚，内臓などの通常の細胞の細胞分裂を何というか．

(4) 性に伴う遺伝を何というか．

3 遺伝および染色体に関する記述のうち，正しいものの組合わせはどれか．
   a. メンデルの法則によると雑種第一代（F_1）では，おもに劣性の形質が現れる．
   b. メンデルの法則によると雑種第二代（F_2）では，優性と劣性の比は1：1である．
   c. 細胞分裂直前の細胞には，染色体が通常の2倍存在する．
   d. 染色体の両端部分をテロメアという．
       1.（a, b）   2.（a, c）   3.（a, d）
       4.（b, c）   5.（b, d）   6.（c, d）

第12章

1 ヌクレオチド，DNAに関する語句について以下の問題に答えよ．
   a. リン酸   b. 五炭糖   c. 260 nm   d. 280 nm
   e. 融 解   f. 融点（T_m）   g. アニーリング   h. 相補的
   i. B 型   j. Z 型
(1) ヌクレオチドに存在して，ヌクレオシドに存在しないものはどれか．
(2) DNAの紫外部吸収極大の波長はどれくらいか．
(3) 熱変性したDNAを再生する単語はどれか．
(4) 水溶液中のDNAの構造型はどれか．

2 DNAや核酸塩基について，以下の記述の空欄に最も適する語句を入れよ．
   DNA鎖には（ア　　）があり，二本鎖のDNAは互いに逆平行となっている．
   シャルガフの法則（A＋G＝C＋T）は，二本鎖のDNAが互いに（イ　　）水素結合していることで説明できる．
   水溶液中のDNAはB型の構造であるが，乾燥状態では比較的（ウ　　）型を，塩基組成によっては左巻きの（エ　　）型の構造を形成することもある．
   二重らせんDNA1巻き当たりの塩基対の数は，およそ（オ　　）である．

3 核酸に関する記述のうち，正しいものの組合わせはどれか．
   a. 二本鎖DNAの相補的な塩基対は，いずれもプリン塩基とピリミジン塩基の組合わせである．
   b. DNAに含まれる糖はL-リボース，RNAに含まれる糖は2-デオキシ-L-リボースである．
   c. DNAもRNAもヌクレオチドの5′-リン酸と他のヌクレオチドの3′-ヒドロキシ基が，ホスホジエステル結合を形成している．
   d. DNAが熱により変性するのは，ホスホジエステル結合が加水分解されるためである．
       1.（a, b）   2.（a, c）   3.（a, d）
       4.（b, c）   5.（b, d）   6.（c, d）

第13章

1 RNAに関する語句について以下の問題に答えよ．
　a．チミン(T)　　b．ウラシル(U)　　c．mRNA　　d．tRNA
　e．snRNA　　　f．hnRNA　　　　g．イントロン　h．修飾塩基
　i．70S　　　　 j．80S

(1) RNAに含まれている塩基はどれか．
(2) mRNAの前駆体はどれか．
(3) tRNAに含まれる微量塩基を何というか．
(4) 真核生物のリボソームサイズはどれくらいか．

2 DNA，RNAに関する記述の空欄に最も適する語句や数値を入れよ．
　DNAに含まれる塩基は，A，G，C，(ア　)であるが，RNAに含まれる塩基はA，G，C，(イ　)である．
　DNAに含まれる糖は，(ウ　)であるが，RNAに含まれる糖は(エ　)である．
　RNAも分子内の相補的な塩基の水素結合によって，(オ　)本鎖を形成することがある．
　真核生物のmRNAの5′末端には(カ　)構造が，3′末端には(キ　)構造が存在する．
　真核生物の転写直後のRNAにはイントロンが存在するので，(ク　)RNAという．

3 RNAに関する記述のうち，正しいものの組合わせはどれか．
　a．tRNAのアンチコドンは，mRNAのコドンと結合する．
　b．mRNAは，ゲノムDNAを鋳型にして合成される．
　c．原核細胞のmRNAの5′末端には，キャップ構造が付加している．
　d．リボソームは，数種類のタンパク質と10種以上のRNAから成る．

　　1．(a, b)　　2．(a, c)　　3．(a, d)
　　4．(b, c)　　5．(b, d)　　6．(c, d)

第14章

1 遺伝子，染色体に関する語句について以下の問題に答えよ．
　a．複製　　　　b．転写　　　　c．翻訳　　　　d．核
　e．核様体　　　f．クロマチン　g．ヒストン　　h．ヘテロクロマチン
　i．マイクロサテライト　　j．モノシストロニック

(1) 細胞分裂の際DNAが2倍になる反応はどれか．
(2) 大腸菌遺伝子の存在場所はどれか．
(3) ヌクレオソームを形成しているタンパク質の名前はどれか．
(4) DNA鑑定に利用されるDNAの部位はどれか．

2 セントラルドグマに関する記述ついて，空欄に最も適する語句を入れよ．
　遺伝情報は(ア　)から(イ　)へ，さらに(イ　)から(ウ　)

へと一方向に流れるという説をセントラルドグマという．

逆転写とは，(エ　　　)を鋳型として(オ　　　)を合成することで，この反応を触媒する酵素を(カ　　　)という．

3 真核生物の染色体およびクロマチンに関する記述のうち，正しいものの組合わせはどれか．
a．DNAヘリカーゼは，二本鎖DNAのらせんを巻戻す酵素である．
b．染色体には，セントロメアとテロメアとよばれる領域があり，テロメアは染色体中心部にある．
c．クロマチンの基本構造であるヌクレオソームでは，ヒストンタンパク質の四量体にDNAが巻付いている．
d．ゲノムの塩基配列は，個体によって異なる部分がある．

1．(a, b)　　　2．(a, c)　　　3．(a, d)
4．(b, c)　　　5．(b, d)　　　6．(c, d)

第15章

1 転写反応に関する語句について以下の問題に答えよ．
a．RNAポリメラーゼⅠ　　b．RNAポリメラーゼⅡ　　c．RNAポリメラーゼⅢ
d．σ因子　　　e．アポ酵素　　　f．キャップ構造　　　g．ポリ(A)鎖
h．反復配列　　　i．イントロン　　　j．エキソン

(1) 真核生物においてmRNA前駆体のhnRNAを合成する酵素はどれか．
(2) 大腸菌の転写において転写開始部位を認識するタンパク質はどれか．
(3) スプライシング反応で除去されるRNAはどれか．
(4) 真核生物のmRNAで3′末端に結合している構造物はどれか．

2 転写反応について，以下の記述の空欄に最も適する語句や数値を入れよ．
原核生物の転写反応に関与するRNAポリメラーゼは(ア　　　)種類である．
原核生物の転写反応は，(イ　　　)因子がプロモーター部位に結合し，さらにコア酵素が結合して(ウ　　　)酵素となって転写反応が始まる．
大腸菌のラクトースオペロンでは，培地にラクトースが存在して(エ　　　)がなくなると，リプレッサーは(オ　　　)と複合体を形成して，オペレーターから離れる．
スプライシングでは，mRNA前駆体から(カ　　　)が除かれる．

3 真核細胞の転写に関する記述のうち，正しいものの組合わせはどれか．
a．rRNAは，核小体で合成される．
b．tRNAは，RNAポリメラーゼⅠによって合成される．
c．mRNAの3′末端にはpoly (U)が付加される．
d．低分子核内リボ核タンパク質(snRNP)は，mRNAのスプライシング反応に関与する．

1．（a, b） 2．（a, c） 3．（a, d）
4．（b, c） 5．（b, d） 6．（c, d）

第16章

1 翻訳反応に関する語句について以下の問題に答えよ．
   a．コドン　　　b．アンチコドン　　　c．tRNA　　　d．アミノアシル tRNA
   e．終止コドン　　f．遊離型リボソーム　　g．小胞体膜結合型リボソーム
   h．A 部位　　　i．P 部位　　　j．シグナルペプチド
(1) アミノ酸を結合している tRNA はどれか．
(2) 指定するアミノ酸がないコドンはどれか．
(3) 分泌タンパク質が合成されるリボソームはどれか．
(4) リボソームでペプチドを結合した tRNA が結合する部位はどれか．

2 翻訳反応について，以下の記述の空欄に最も適する語句を入れよ．
　遺伝情報は，mRNAの（ア　　）側から読取られ，N末端アミノ酸は（イ　　）となる．
　タンパク質合成のペプチジルトランスフェラーゼ反応は，RNA 酵素である（ウ　　）によって触媒される．
　（エ　　）リボソームで合成されたタンパク質は，核や細胞質，ミトコンドリア，ペルオキシソームなどに移行し，（オ　　）リボソームで合成されたタンパク質は，リソソームや膜タンパク質，分泌タンパク質として移行する．
　タンパク質の合成は，（カ　　）因子が mRNA の終止コドンに結合することにより終結する．

3 翻訳に関する記述のうち，正しいものの組合わせはどれか．
   a．アミノ酸を結合した tRNA は，アミノアシル tRNA 合成酵素によりつくられる．
   b．rRNA は，mRNA のコドンと結合する．
   c．核内のタンパク質は，核内で合成される．
   d．分泌タンパク質は，小胞体膜結合型リボソームで合成される．
   1．（a, b） 2．（a, c） 3．（a, d）
   4．（b, c） 5．（b, d） 6．（c, d）

第17章

1 複製に関する語句について以下の問題に答えよ．
   a．DNA ポリメラーゼ　　b．プライマー　　c．複製フォーク　　d．ヘリカーゼ
   e．SSB　　　f．リーディング鎖　　g．ラギング鎖　　h．トポイソメラーゼ
   i．S 期　　　j．M 期
(1) DNA の二重らせんを解く酵素はどれか．
(2) 一本鎖の DNA に結合するタンパク質はどれか．

(3) 不連続複製の行われている鎖を何というか．
(4) 細胞周期においてDNAの複製が行われている時間帯はどれか．

2 DNAの複製について，以下の記述の空欄に最も適する語句を入れよ．

真核細胞のDNAの複製反応は，細胞の（ア　）内で進行し，新生鎖の合成は，（イ　）端から（ウ　）端の方向に合成される．

真核細胞において複製起点は，（エ　）箇所存在し，複製は複製起点の（オ　）方向に向かって進行する．

複製フォークでは，酵素（カ　）が鋳型DNAの二重らせんを解き，一本鎖となったDNAにはタンパク質（キ　）が結合する．

3 DNAの複製に関する記述のうち，正しいものの組合わせはどれか．
a．プライマーゼは，RNAプライマーを合成する．
b．テロメラーゼは，逆転写酵素の一種である．
c．DNAヘリカーゼは，複製過程で生じるDNA二重らせんのひずみを解消する．
d．DNAポリメラーゼは，プライマーがなくても新たな鎖を合成できる．

   1．（a，b） 2．（a，c） 3．（a，d）
   4．（b，c） 5．（b，d） 6．（c，d）

第Ⅳ部　ヒトの体の構造・機能

第 18 章　組織と器官

Key Words　　□細胞　　□組織　　□器官(系)　　□筋(肉)　　□神経伝導

基本問題 18・1　組織の種類と特徴

以下の記述の空欄に最も適する語句を入れよ．
(1) 同じ構造と機能をもつ細胞の集団や細胞間をつなぐ細胞間質を合わせて（ア　　　）という．
(2) 器官系は，運動器系，（イ　　　）系，内臓系，内分泌系，神経系，感覚器系に大別できる．
(3) 体の表面を覆う上皮組織は，構成細胞の形により，（ウ　　　）上皮，立方上皮，円柱上皮に分けられる．
(4) 細胞を支える支持組織は，各種組織や器官の間隙を埋めて結合しており，結合組織，軟骨組織，（エ　　　）組織および血液とリンパ液がある．
(5) 骨は身体の支柱であり，骨には内臓保護の役割がある．頭蓋骨は頭蓋腔を形成しその中には（オ　　　）があり，脊柱の脊柱管は脊髄，胸部の胸郭は心臓，肺などの胸部内臓を保護している．
(6) 骨の中心部を骨質といい表層の緻密質と内部の海綿質より成り，内部に造血作用をもつ（カ　　　）がある．

ここが重要

細胞　cell
組織　tissue

いろいろな原子や分子からできた**細胞**は，人体の構成最小単位である（図 18・1）．同じような性質の細胞の集団を**組織**といい，上皮組織，支持組織，筋組

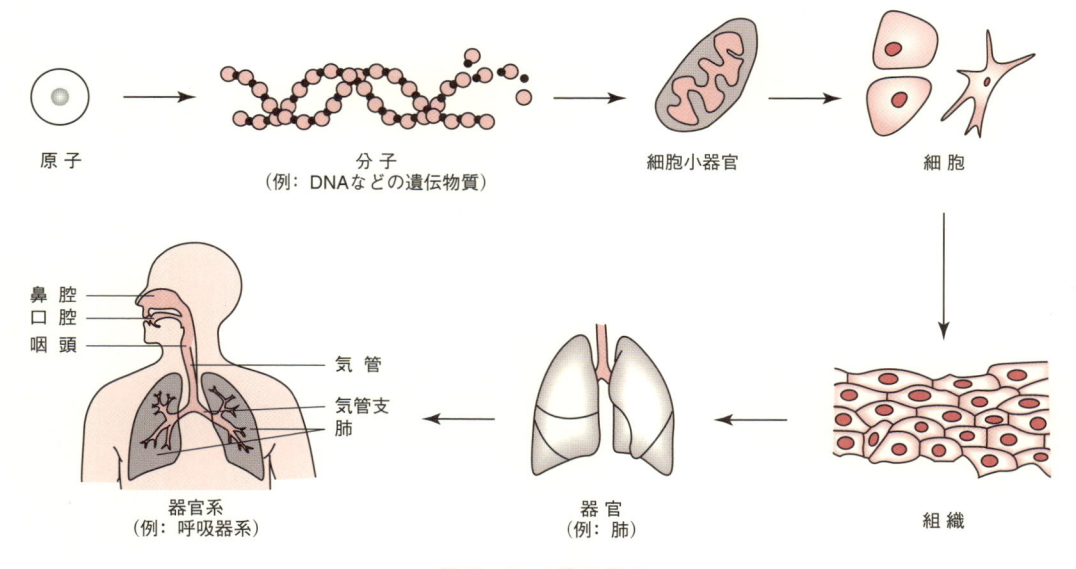

図 18・1　人体の構成

器官　organ

織，神経組織に四つに分類される．種々の組織が集まってできる一つの構造物を**器官**または**臓器**といい，**器官系**はいろいろの器官が協力して一つの目的のために働く器官の集まりである．

第18章 組織と器官　97

　運動器系は骨格系と筋肉系より成り，内臓系は消化器系，呼吸器系，尿路系，生殖器系より成り，人体は全部で 10 の器官系に分類することができる*．

　上皮は形および配列に基づいて名称がつけられている．細胞が一層だけ並ぶものを単層，複数の層を重層という（図 18・2，表 18・1）．上皮組織は，器官の表面を覆い，保護作用，呼吸作用，腺分泌作用，消化管で物質を吸収する作用を有するほか，外界からの刺激を受取る働きがある．

* このほか，感覚器系，神経系，内分泌系，免疫系，循環系がある．

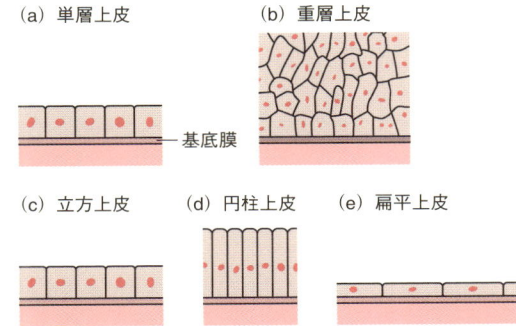

(a) 単層上皮　(b) 重層上皮
　　　　　　　基底膜
(c) 立方上皮　(d) 円柱上皮　(e) 扁平上皮

図 18・2　上皮細胞の形と配列

表 18・1　上皮の種類

	立方上皮	円柱上皮	扁平上皮
単層上皮	単層立方上皮（腺，尿細管）	単層円柱上皮（胆嚢，腸管）	単層扁平上皮（血管内膜，肺胞）
重層上皮	重層立方上皮	重層円柱上皮（腺）	重層扁平上皮（口腔，食道）

　支持組織は，細胞を支える周囲組織であり，器官を保持している．骨髄は骨のもつ重要な働きである造血を行う器官であり，海綿質の空洞部分に詰まっている．

解 答　（ア）組織　（イ）循環　（ウ）扁平　（エ）骨　（オ）脳　（カ）骨髄

RANK up　器官を納める体の部屋（腔）

　骨はおもにカルシウムやリンの電解質を含み，体の支柱と空洞（腔）をつく

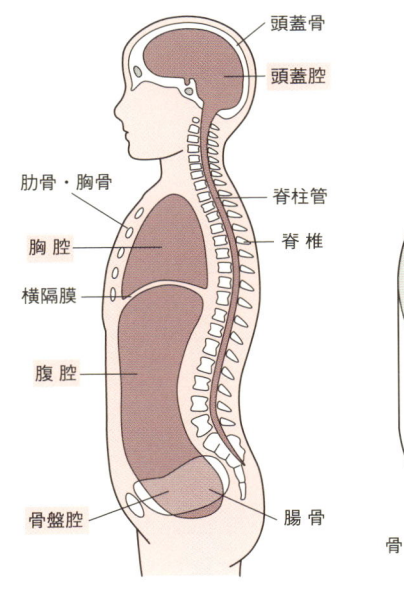

図 18・3　骨がつくる体の部屋（腔）

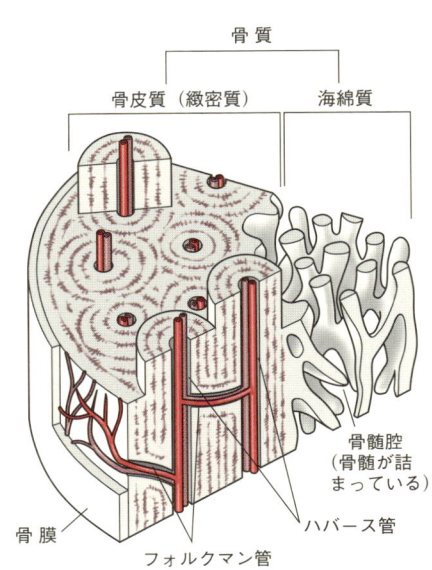

頭蓋骨／頭蓋腔／肋骨・胸骨／脊柱管／胸腔／脊椎／横隔膜／腹腔／骨盤腔／腸骨

図 18・4　骨の構造

骨質／骨皮質（緻密質）／海綿質／骨髄腔（骨髄が詰まっている）／ハバース管／フォルクマン管／骨膜

り，いわば家の外梁や柱などの枠組みをつくっている（図18・3）．骨により形成された空洞を腔といい，それぞれの部屋の中に各体のパーツが収納されている．また，胸腔と腹腔は，横隔膜（骨格筋）によって区切られており，胸腔には心臓や肺など，腹腔には胃腸管が収納されている．

骨は骨格筋の動きにより関節運動を行う．骨には血管（ハバース管とフォルクマン管）が走行しており，外側の骨皮質は管状の棒（骨単位）が縦に並びその束の内部に海綿質，骨髄がある（図18・4）．

基本問題18・2 筋収縮と神経伝導

以下の記述の空欄に最も適する語句を記入しなさい．
(1) 筋組織は筋原線維の横紋の有無により（ア　　）と平滑筋に分けられる．
(2) 骨格筋の収縮時には（イ　　）フィラメントがミオシンフィラメントの両側から中央に向かって滑り込む．
(3) 神経組織は神経細胞と，それを支持し栄養を供給する細胞から成り，中枢神経系の支持細胞を（ウ　　）という．
(4) 神経伝導は，受容体のある膜上で起こったイオンの動きによって生じた（エ　　）の伝導によって起こる．

* 体を動かす筋肉は骨格筋で，それ以外に心臓の心筋，消化管運動を起こす平滑筋も筋組織である．そして自分の意志で動かせるかどうかによって随意筋と不随意筋とに区別されている．

骨格筋　skeletal muscle
心筋　cardiac muscle
平滑筋　smooth muscle
筋（肉）　muscle

ここが重要

筋組織には横紋があり随意性*もある**骨格筋**，横紋はあるが自分の意志で動かすことのできない**心筋**，横紋も随意性もない**平滑筋**とがある（図18・5）．骨格に付着している**筋**を骨格筋，心臓壁の筋を心筋といい，平滑筋はおもに内臓筋を構成する．カルシウムイオンがミオシン頭部に結合すると，アクチン頭部が傾きアクチン細糸を滑らせることによって，交互に配列したアクチン細糸間にミオシン細糸が滑り込み筋節が短縮することにより収縮が起こる（図18・6）．このとき，

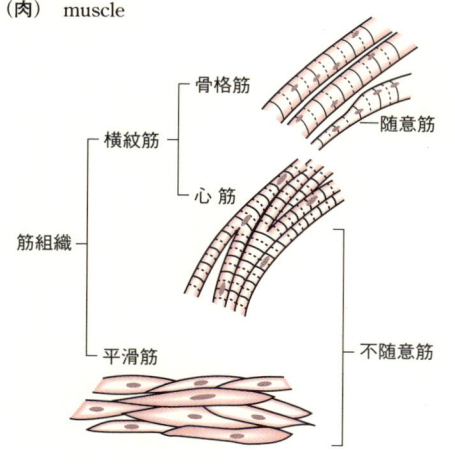

図18・5　筋肉の分類と形態

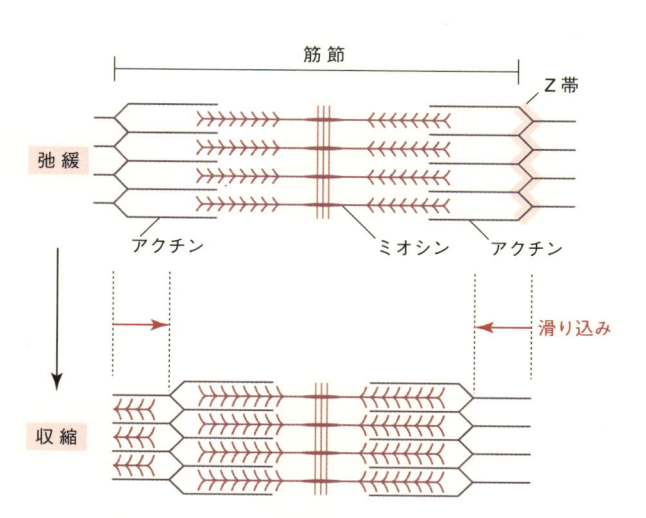

図18・6　筋収縮機序とスライディング説

いずれのフィラメントも収縮しない．これを滑走説（スライディング説）という．

中枢神経系の**グリア細胞**（神経膠細胞）にはアストログリア（星状膠細胞），オリゴデンドログリア（希突起神経膠細胞），ミクログリア（小膠細胞）がある．末梢神経系にはシュワン梢があり，神経を支えている．アストログリアは，神経細胞に必要なものを与え，不要な毒のようなものをブロックする役割をもつ．この機構を**血液脳関門**という．その他のグリア細胞も神経細胞を保護・支持する役割をもつ．

神経細胞（ニューロン）は神経細胞体，興奮を他の神経細胞から受取る樹状突起および興奮を他の神経細胞に伝える軸索（神経突起）より成る（図18・7）．軸索の末端が他のニューロンや効果器の細胞に興奮を伝達する部位を**シナプス**といい，興奮の伝達は**神経伝達物質**を介して行われる．シナプス後膜上に伝達物質を受取る受容体があり，受容体は鍵穴のように働き，情報が他の神経細胞に伝達される．

グリア細胞（glial cell）：神経膠細胞ともいう．

血液脳関門
blood-brain barrier

シナプス　synapse

神経伝達物質
neurotransmitter

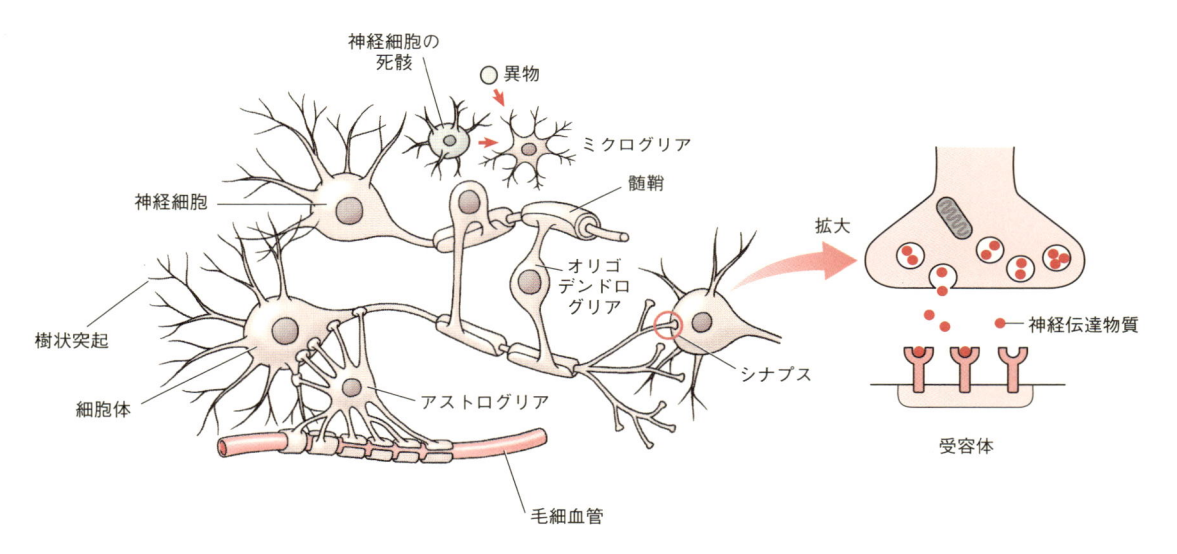

図18・7　神経細胞とグリア細胞　神経細胞の周囲をグリア細胞が取囲んでいる．

静止状態の神経細胞膜内外のイオン濃度は，外側にはナトリウムイオン（Na^+），内側にはカリウムイオン（K^+）濃度が高い．静止状態の膜電位は負（マイナス）に偏っている（分極）が，刺激がある一定値（閾）以上になり分極から逸脱（脱分極）すると，正の方向に電位が発生する．これを**活動電位**という（図18・8）．もとに戻る（復極）ときには，K^+が細胞外から細胞内に流入し，静止膜電位に戻る．この過程を経て，神経の刺激が発生する．この刺激が神経線維全体に波及することを**神経伝導**という．一方，シナプスを介して伝わる刺激を**神経伝達**といい，それぞれを区別している．

神経線維を包み保護する鞘（髄鞘）が一定の距離で狭窄した部分をランビエ絞輪といい，ここでは髄鞘がなく，活動電位の変化による興奮は，この絞輪を飛び越して伝わる（**跳躍伝導**）．したがって，髄鞘のある神経（有髄神経）は，髄鞘

活動電位　action potential

神経伝導
neural transmission

のない神経（無髄神経）に比べて伝わる速度が速い（図18・9）．

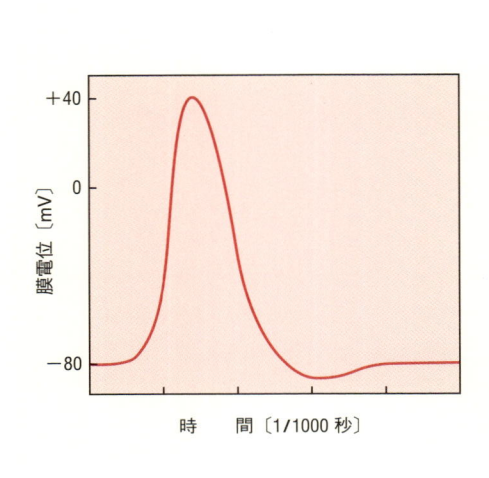

図18・8　活動電位変化

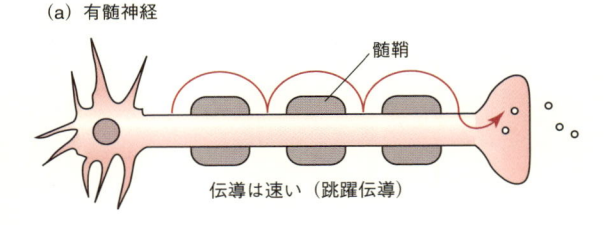

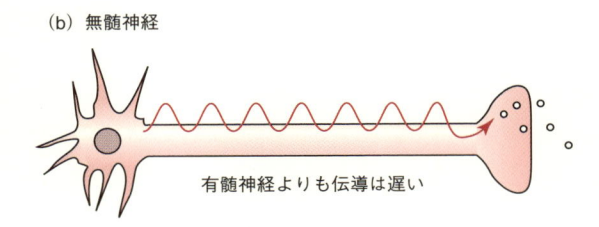

図18・9　興奮伝導様式

(a) 有髄神経　髄鞘　伝導は速い（跳躍伝導）
(b) 無髄神経　有髄神経よりも伝導は遅い

[解答]　（ア）横紋　（イ）アクチン　（ウ）グリア細胞（神経膠細胞）
（エ）活動電位（もしくは脱分極，電位変化）

🔺 RANK up　　　　シナプス

神経軸索末端部を**神経終末**（シナプスボタン）といい，他の神経細胞の樹上突起や細胞体に接合する部位をシナプスという．神経伝達物質は神経終末内のシナプス小胞に含まれている．神経終末に電気的興奮が達すると，伝達物質はシナプス前膜からシナプス間隙に放出され，シナプス後膜にある受容体との結合によりシナプス後膜の電気的興奮が起こり，つぎの神経細胞に興奮が伝わる．神経細胞の周囲にあるグリア細胞*のうち**オリゴデンドログリア**は，中枢神経系の軸索を包む鞘を形成する．**アストログリア**は，中枢神経細胞の代謝を支持し，変性した軸索終末を取込む食細胞としての働きもある．また，毛細血壁と神経細胞を連絡する血液脳関門とよばれる物質輸送機構にも関与している．**ミクログリア**（オルテガ細胞ともいう）は，中枢神経系における異物の食作用に関係し，神経組織の炎症や変性時に増殖し活発な食作用を行う．血液脳関門は，脳毛細血管壁を形成し互いに結合し，脳に送る血液中の物質の選択性に関与している．この関門は，毛細血壁と神経細胞を連絡している物質輸送機構で，脳を異物から保護する働きをもつ生体防御機構の一つである．通過できるのはグルコース，アミノ酸，電解質などのニューロン代謝材料で，アストログリアによって輸送される．

神経終末　nerve ending, nerve terminal

＊　グリア細胞については図18・7を参照．

第 19 章　血液循環と消化

Key Words　　□血球　　□血液循環　　□刺激伝導系　　□消化器　　□小腸運動

基本問題 19・1　血液と血液循環

以下の記述の空欄に最も適する語句を記入しなさい．
(1) 血球には（ア　　），白血球，血小板の3種類がある．
(2) 循環系には，（イ　　）を循環させる血管系と，リンパ液を循環させるリンパ管系がある．
(3) 心臓の内部は中隔によって左右の（ウ　　），（エ　　）に分けられる．

ここが重要

　血液は，細胞成分（**血球**，有形成分）（約45％）と液体成分（約55％）から成り，液体成分（**血漿**）からフィブリノーゲンを除いたものを**血清**という．細胞成分のうち，**赤血球**は酸素や二酸化炭素を運搬し，**白血球**は血管外に湧出して細菌などを補食する殺菌作用があり，感染防御に役立っている（図19・1）．**血小板**は凝集粘着能があり血栓を形成し血液を凝固させる．液体成分中にはタンパク質（アルブミン，グロブリン，フィブリノーゲンなど），糖質（グルコースなど），脂質（トリグリセロール，コレステロール，リン脂質など），その他（尿素，尿酸，クレアチニンなど）の有機物が含まれている．また，無機物としては，電解質（Na^+，K^+，Ca^{2+}，Mg^{2+}，Cl^-，HCO_3^- など）と水分が含まれている．

循環系　circulatory system
血　球　blood cell
血　漿　blood plasma
血　清　blood serum
赤血球　erythrocyte
白血球　leucocyte
血小板　blood platelet

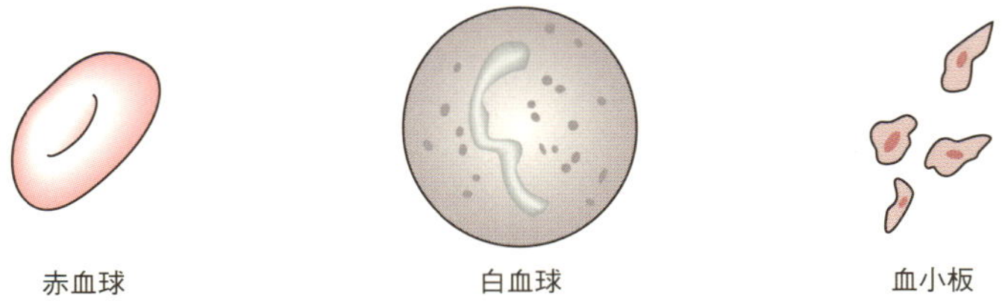

赤血球　　　　　白血球　　　　　血小板

図 19・1　血液の固形成分

　全身を循環する液体は，**血液**と**リンパ液**である．血液が心臓から排出される管を**動脈**，心臓に戻る管を**静脈**といい，両者の間を毛細血管と循環ポンプである心臓が一つの管を形成している．

　循環系は身体の細胞・組織・器官に酸素および栄養を補給し，二酸化炭素や老廃物を除去するための物質輸送の系である．血液の循環は，肺で酸素を得て，二酸化炭素を排出するための**肺循環**と，体の組織に血液中の栄養，酸素を与え，老廃物，二酸化炭素を血液中に受取り心臓へ戻すための**体循環**に分けられる（図19・2）．体循環系では動脈に動脈血が，静脈に静脈血が流れるが，肺循環系では肺動脈には静脈血が，肺静脈には動脈血が流れる．つまり動脈は酸素を運搬し，静脈は二酸化炭素を運搬するが，肺に入る血液は二酸化炭素を含むが動脈であり，肺から心臓へ向かう血液は酸素を含むが静脈であり，注意が必要である．

血　液　blood
リンパ液　lymph
動　脈　artery
静　脈　vein

肺循環（pulmonary circulation）：小循環（lesser circulation）ともいう．
体循環（systemic circulation）：大循環（greater circulation）ともいう．

102　第Ⅳ部　ヒトの体の構造・機能

血液循環
blood circulation

刺激伝導系 conducting system (of heart)

　血液循環は心臓の自動性をもつ律動的な収縮によってひき起こされる．この収縮は，心臓内の洞房結節，房室結節，ヒス束，左右脚，プルキンエ線維から成る**刺激伝導系**を伝わり心室筋を収縮させることによって起こる（図19・3）．洞房結節がペースメーカーとなり心臓の規則正しいリズムを調節している．

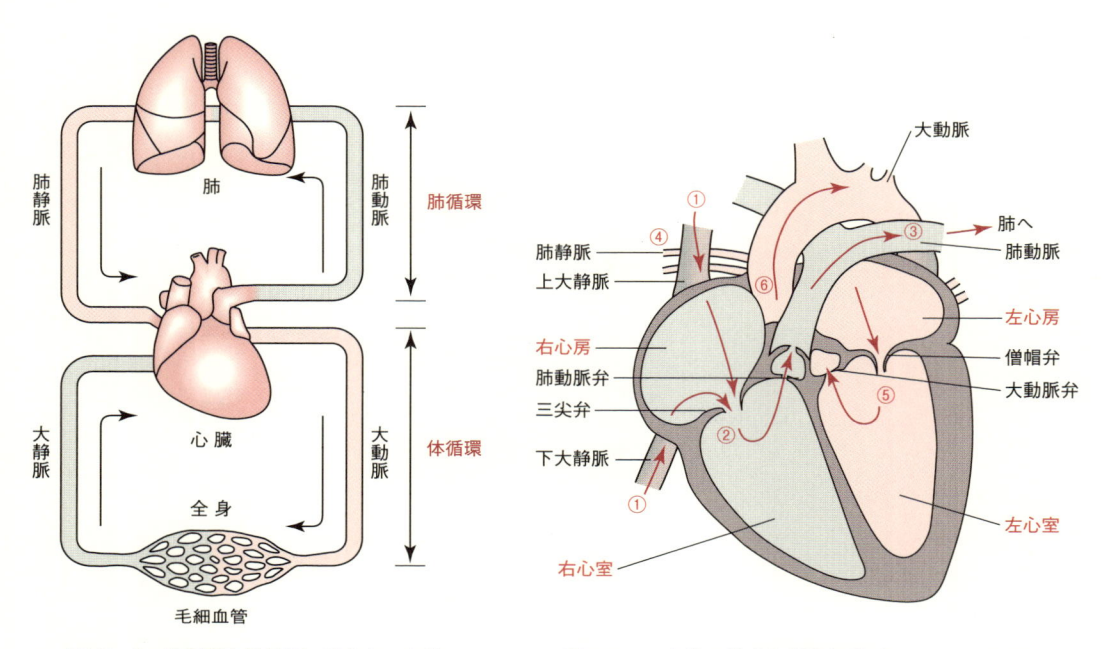

図 19・2　肺循環と体循環　淡赤色の血管には，酸素を多く含む血液が流れる．

図 19・3　心臓の構造と刺激伝導系　⟶は血液の流れを示す．

解　答　（ア）赤血球　（イ）血液　（ウ）（エ）心房，心室

基本問題 19・2　消化器系

　以下の記述の空欄に最も適する語句を記入しなさい．
(1) 消化系は食物を消化，吸収，排泄するための器官系統で，口から肛門に至る食物を送る（ア　　　）と，消化液を分泌する消化腺より成る．
(2) 胃は胃底部，（イ　　　）部，幽門部の3部位に分けられ，胃上部は，噴門で食道とつながり，下方は幽門で十二指腸に連なる．
(3) 小腸は口側から十二指腸，空腸，（ウ　　　）の3部位に分けられ，小腸壁は内側から粘膜，筋層，漿膜の3層より成る．
(4) 大腸は口側より，盲腸，（エ　　　），直腸の3部に区分される．
(5) 肝臓には，肝臓の入口（肝門）で門脈，固有肝動脈，肝管が出入りし，肝細胞に入った血液は（オ　　　）を通り，肝細胞の中心にある血管（中心静脈）に集まり肝臓の外に出て下大静脈に注ぐ．
(6) 膵臓は，ホルモンを分泌するランゲルハンス島があり，A，B，D 細胞（α細胞，β細胞，δ細胞ともいう）の3種類に区別され，A 細胞はグルカゴンを分泌し血糖を高め，B 細胞は血糖を低下させる（カ　　　）を分泌し，D 細胞は，これらの分泌を抑制するソマトスタチンを分泌する．

ここが重要

消化管は，**口腔**から**肛門**まで一本の管である（図19・4）．消化管内での内容物の輸送は，筋叢間神経叢，粘膜下神経叢の二つの神経網によって行われる．内容物はこの管を通過中に種々の酵素によって消化され，血液中に吸収される．

胃は3部位に分けられているが，胃底部は噴門から左方に向かってドーム状に盛り上がった部分をいう（図19・5）．噴門のすぐ下位にある胃体部と間違わないように注意する．胃の内側の胃腺から粘膜表面に胃液が分泌される．その分泌にかかわる細胞は副細胞，壁細胞，主細胞で，胃底腺の副細胞からは粘液，主細胞からはペプシノーゲンが分泌され壁細胞から分泌される塩酸で活性化されペプシンとなる．胃内容物は，小腸，大腸を通過するうちに膵液や腸液によって中和され，弱アルカリとなる．胃で塩酸が過剰に分泌されると胃潰瘍発症の原因となる．

消化器系 digestive system

消化管 alimentary canal, digestive tract

口腔 oral cavity

肛門 anus

胃 stomach

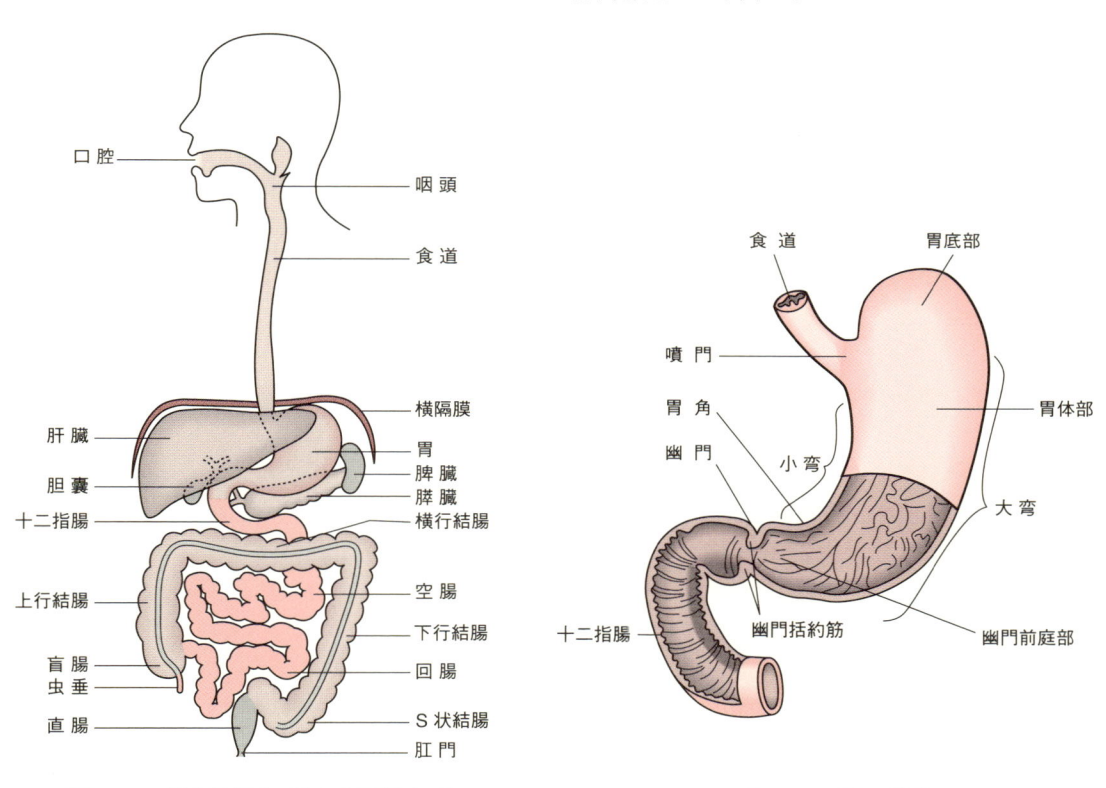

図19・4 消化器系（口腔から肛門まで）

図19・5 胃の構造

小腸は各種の栄養素を吸収し，**大腸**は水分を吸収する．小腸は特定の部位をさすのではなく，十二指腸，空腸，回腸を併せたものの総称である．胃から直腸までの消化管は，内側から粘膜，筋層，漿膜の3層より成る．また，大腸は**盲腸**，**結腸**（上行結腸，横行結腸，下行結腸，S状結腸），**直腸**を併せた総称である（図19・4参照）．小腸内容物の移動は粘膜下神経層（マイスネル神経叢）と筋層間（縦走筋層と輪状筋層）神経叢の活動により蠕動（輪状筋のくびれ），分節（輪状筋による内容物の切断），振子（縦走筋による上下または左右）の3運動により肛門側に移動する（図19・6）．

小腸 small intestine

大腸 large intestine

盲腸 blind intestine

結腸 colon

直腸 rectum

肝臓　liver

肝臓は人体で最も大きな器官で，裏側（内蔵側）から固有肝動脈，門脈が入り，

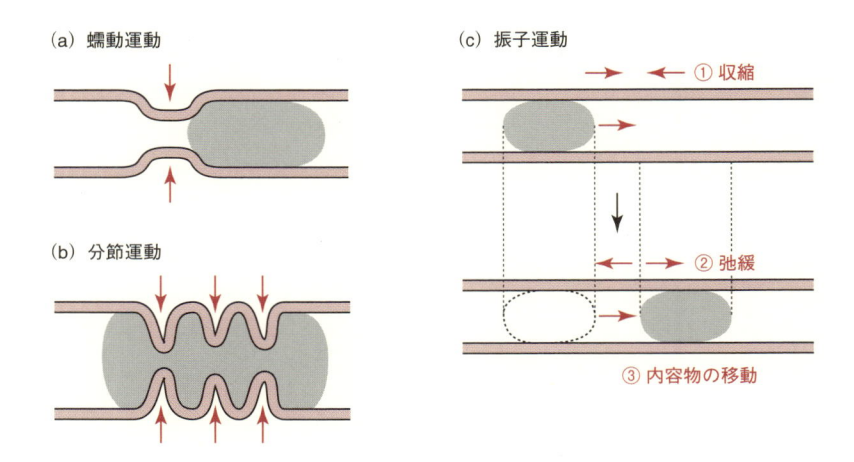

(a) 蠕動運動

(b) 分節運動

(c) 振子運動
① 収縮
② 弛緩
③ 内容物の移動

図 19・6　小腸運動

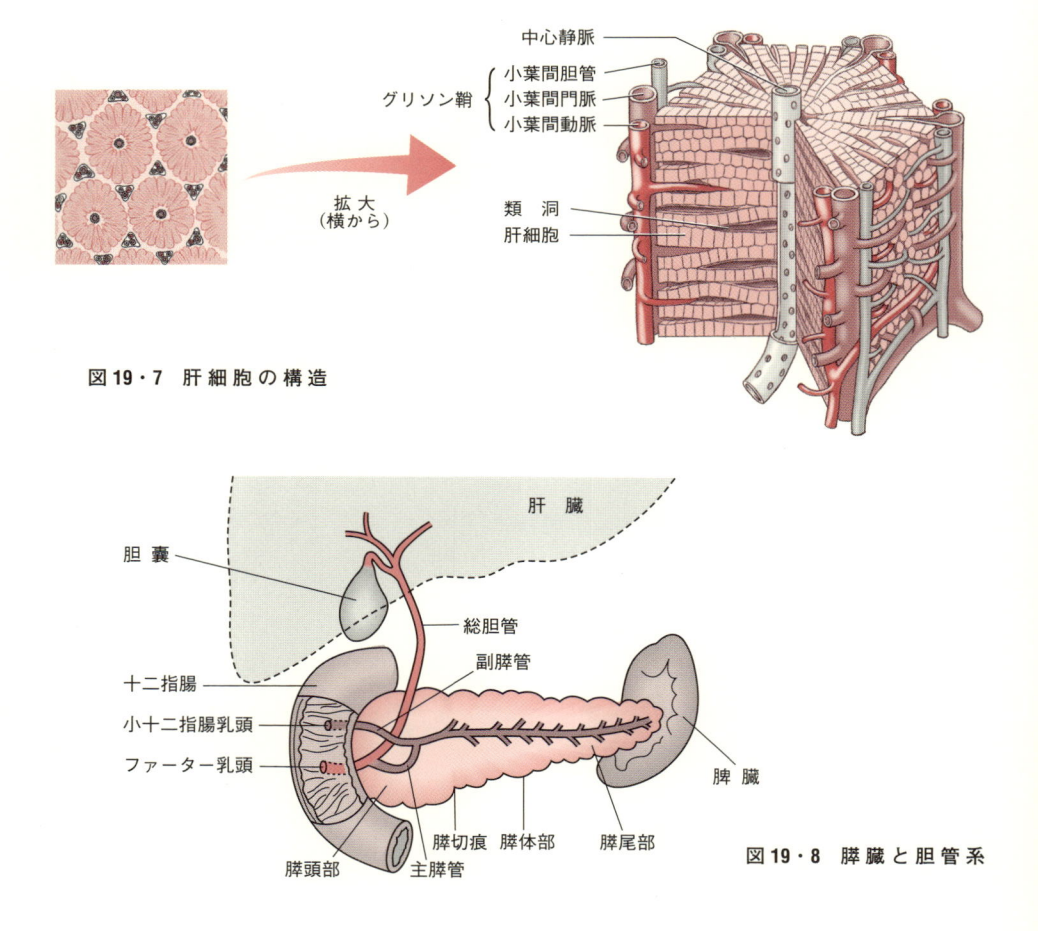

中心静脈
グリソン鞘 ｛ 小葉間胆管／小葉間門脈／小葉間動脈
類洞
肝細胞

図 19・7　肝細胞の構造

肝臓
胆嚢
総胆管
副膵管
十二指腸
小十二指腸乳頭
ファーター乳頭
脾臓
膵頭部　主膵管　膵切痕　膵体部　膵尾部

図 19・8　膵臓と胆管系

胆管が出ている．肝臓の基本単位は肝小葉で五～六角柱をしている（図 19・7）．各角を通過する固有肝動脈および門脈から肝静脈に向かう途中で分岐した血液

は，肝小葉中の通路である類洞（シヌソイドともいう）を通り中心静脈に入る．この類洞腔を通過中に，周囲の細胞によって血液中の酸素や栄養素が吸収・代謝される．中心静脈は肝静脈と合流する．胆汁は胆管を通り肝外に排出される．

膵臓は，膵液とインスリンなどのホルモンを分泌し十二指腸に注ぐ（図19・8）．膵液にはタンパク質分解酵素であるペプシン，糖質分解酵素であるアミラーゼ，脂肪分解酵素であるリパーゼなどの消化酵素が含まれる．また，膵液は胃の塩酸を中和する炭酸水素イオン（HCO_3^-）を含む．

膵臓　pancreas

解 答　（ア）消化管　（イ）胃体　（ウ）回腸　（エ）結腸　（オ）類洞
（カ）インスリン

第20章 呼吸と排泄

Key Words　　□呼吸器　　□ガス交換　　□腎臓　　□腎小体　　□尿細管

基本問題 20・1　呼吸器系

> 以下の記述の空欄に最も適する語句を記入しなさい．
> (1) 呼吸器系は，口側から鼻，咽頭，喉頭，気管，気管支，肺から構成され，酸素を取入れ，（ア　　）を排出している．
> (2) 気道粘膜は，線毛上皮細胞，杯細胞，粘液細胞から分泌される（イ　　）で覆われている．線毛上皮細胞の線毛の上方向運動により，気道に侵入した異物は粘液と混ざり，痰となって口から排出される．
> (3) 肺胞の壁は肺胞上皮，毛細血管および弾性線維より成り，この壁を通して血液と空気との（ウ　　）交換が行われる．

呼吸器系
respiratory system
呼吸器　respiratory organ
肺呼吸
pulmonary respiration
気道　air duct
肺　lung

ここが重要

呼吸器（図20・1）は酸素を取入れ，二酸化炭素を排出する**肺呼吸**を行う．**気道**は，空気の通り道であり異物の侵入を防ぐために粘液で覆われている．気道上皮細胞が有する線毛の上方向運動により，気道に侵入した異物は気道粘膜から分泌される粘液と混ざり，痰となって口から排出される．**肺**はガスの入替え場所であり，酸素を血液中に取入れ，二酸化炭素を体外へ排出する．

解答　（ア）二酸化炭素（炭酸ガス）　（イ）粘液　（ウ）ガス

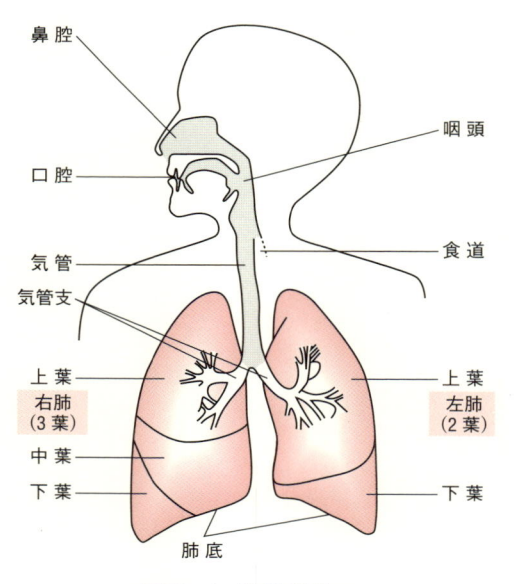

図20・1　呼吸器系

第20章 呼吸と排泄　107

RANK up　　肺のガス交換

ガス交換　gas exchange

　呼吸は肺自身の呼気・排気によって行われるのではなく，肺を収納している部屋の屋根と壁（胸郭）と床（横隔膜）の動きによって起こる．横隔膜の収縮（広がり）と胸郭（胸）の上昇により部屋（胸腔）は拡大し，肺が膨張し空気を吸込む．排気はこの逆である．肺胞の内表面は組織液によってぬれており，取込まれた外気中の酸素は，肺胞内表面の大部分を覆うⅠ型肺胞上皮細胞面の液に溶け，容易にこの細胞を通して毛細血管中に入る（図20・2）．二酸化炭素はこの逆でガス交換が行われる．また，Ⅱ型肺胞上皮細胞は，サーファクタントを分泌し元来縮小する性質のある肺胞の表面に付着し，肺胞の形状を保持する性質がある．

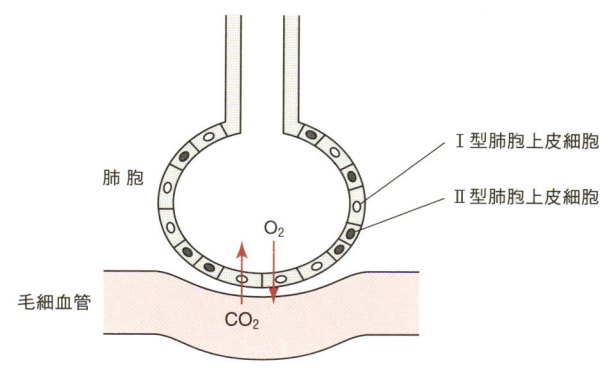

図20・2　肺のガス交換

基本問題20・2　尿路系

　以下の記述の空欄に最も適する語句を記入しなさい．
(1) 腎臓，尿管，膀胱，尿道で構成される尿路系は，血液中の老廃物を（ア　　）として排泄する器官である．
(2) 腎臓の生理学的単位（ネフロン）は，（イ　　）と（ウ　　）から構成されている．
(3) 腎小体は，（エ　　）と（オ　　）からできている．

ここが重要

　尿路系は**腎臓**，**尿管**，**膀胱**，**尿道**で構成される（図20・3）．腎臓の生理学的単位（ネフロン）は，**腎小体**と**尿細管**から成り，腎小体は糸球体とボーマン嚢から構成される．
　腎臓の機能は，老廃物を尿として排泄することである．尿管は腎臓でつくられた尿を膀胱に輸送する管であるが，尿細管（腎小体より近い方から近位尿細管，ヘンレ係蹄，遠位尿細管，集合管から成る．図20・4）は腎臓の中にある尿の通過路であり，尿を再吸収してその組成を決定する通路である．尿細管は，糸球体で沪過された尿（原尿）の約99％を再吸収する．尿管平滑筋の蠕動運動によっ

尿路系　(urinary system)：泌尿器系ともいう．
腎臓　kidney
尿管　urinary duct
膀胱　(urinary) bladder
尿道　urethra
腎小体　renal corpuscle
尿細管　renal tubule

て尿は膀胱に送られる．膀胱は腎臓でつくられた尿を貯留させる伸展性の袋状器官で，底辺の両側より尿管が入り，頂点から尿道が出る．膀胱の筋層は平滑筋で

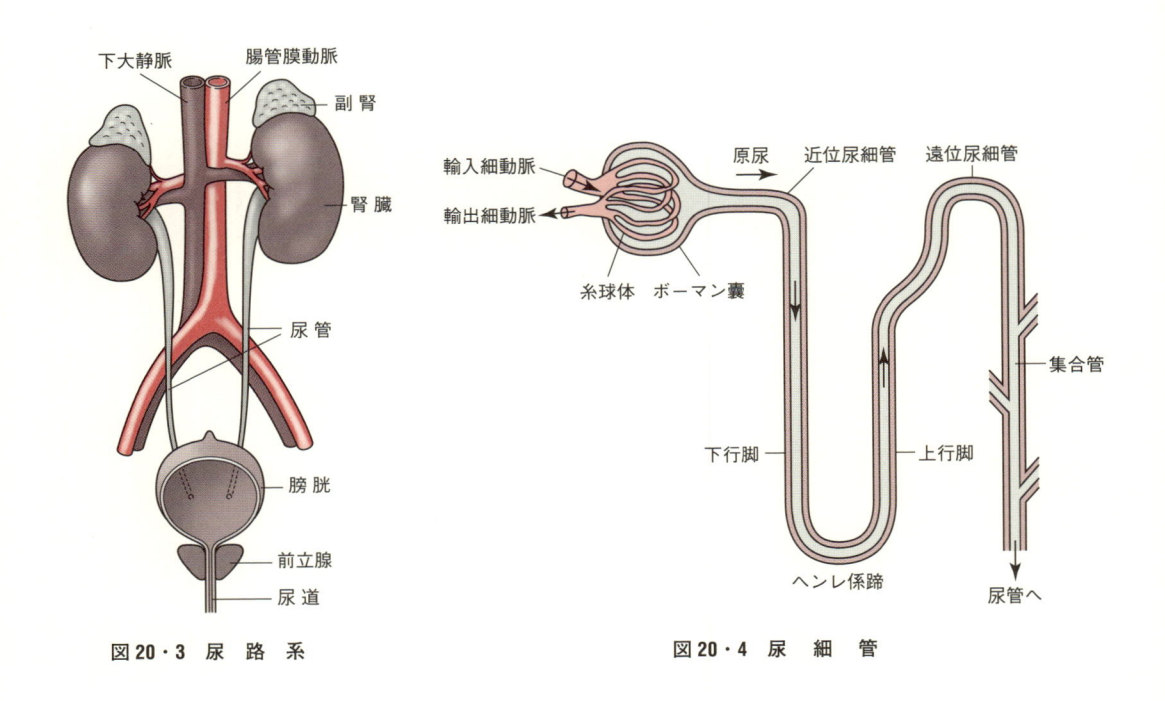

図20・3　尿路系

図20・4　尿細管

あり，排尿にかかわる筋（排尿筋）を形成し，尿道口付近では排尿を止める膀胱括約筋がある．ともに自律神経の支配を受ける．

[解答]　（ア）尿　（イ）（ウ）腎小体，尿細管　（エ）（オ）糸球体，ボーマン嚢

第21章　神経・内分泌系

Key Words　　□脳　□間脳　□中脳　□橋　□延髄　□脊髄
　　　　　　　　□ホルモン　□内分泌器官　□下垂体　□下垂体前葉　□下垂体後葉

基本問題 21・1　神経系の概要

以下の記述の空欄に最も適する語句を記入しなさい．
(1) 中枢神経系とは，(ア　　　) と (イ　　　) をいう．
(2) 脳は，半球状に発達した大脳（大脳半球）と，これに続く間脳，(ウ　　　) 脳，橋，延髄および小脳に分けられる．
(3) 中枢から末梢に向かって指令を伝える神経を (エ　　　) 性神経といい，末梢から中枢に指令を伝える神経を (オ　　　) 性神経という．

ここが重要

　中枢神経系は脳と脊髄をいい（図21・1），**間脳，中脳，橋，延髄**を総称して**脳幹**という（図21・2）．**末梢神経系**は脳および脊髄から出て全身に分布する神経系をいい，運動と感覚に関係する**体性神経系**と，内臓，血管，腺などの意志とは無関係な自律機能を調節する**自律神経系**の二つの神経系に分けられる．末梢からの刺激情報を末梢感覚受容器から中枢神経系に伝える神経を求心性神経，

神経系　nervous system
中枢神経系　central nervous system
脳　brain
間脳　diencephalon, interbrain
中脳　midbrain
橋　pons
延髄　medulla oblongata
脳幹　brain stem
末梢神経系　peripheral nervous system
体性神経系　somatic nervous system
自律神経系　autonomic nervous system

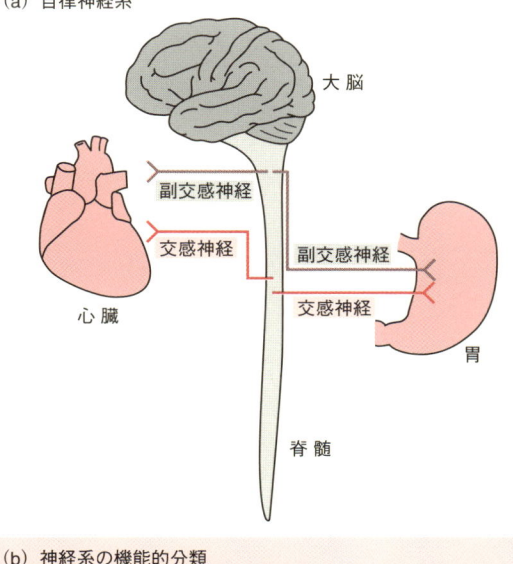

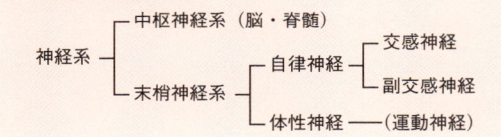

図21・1　中枢神経と末梢神経

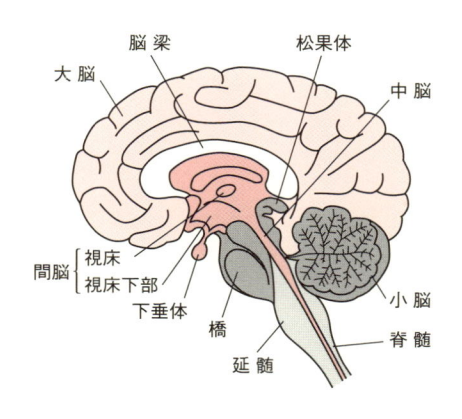

図21・2　脳の部位

110　第Ⅳ部　ヒトの体の構造・機能

交感神経
sympathetic nerve
副交感神経
parasympathetic nerve

中枢神経系の指令を末梢に伝える神経を遠心性神経とよぶ．また，体性神経の遠心性神経を運動神経，求心性神経を知覚神経（感覚神経）といい，運動神経は骨格筋を支配し，知覚神経は末梢感覚情報を中枢神経系に伝える．遠心性神経である自律神経は**交感神経**と**副交感神経**に区別される．

解答　（ア）（イ）脳，脊髄　（ウ）中　（エ）遠心　（オ）求心

基本問題 21・2　脊髄と大脳

以下の記述の空欄に最も適する語句を記入しなさい．
(1) 脳と脊髄は3層の髄膜により包まれ，外層の硬膜と内層の軟膜の間に（ア　　）があり軟膜との間には脈絡層から浸出した脳脊髄液が満たされている．
(2) 大脳半球は中心溝，外側溝，頭頂後頭溝などの溝により前頭葉，（イ　　），側頭葉，後頭葉の4葉に区分される．
(3) 中心溝の前領域は（ウ　　）野で遠心性の運動の司令に関与し，後部は知覚野で末梢からの情報を感知する．
(4) 左半球の前頭葉の後部には（エ　　）中枢がある．この部位の障害は，言語は理解できるが意味のある言葉を発生できないという運動性失語症を招く．また，左半球側頭葉の上側頭回後部には感覚性言語（ウェルニッケ）中枢がある．この部位の障害は，聴覚が正常で言語の内容が理解できないという感覚性失語症を招く．
(5) 側頭葉には聴覚中枢があり，後頭葉には（オ　　）中枢が存在する．

くも膜 arachnoid membrane

ここが重要
脳内にある脳室と脊髄のくも膜下腔には脳脊髄液が詰まり，脳は脳脊髄液の中に浮かんでいる（図21・3）．

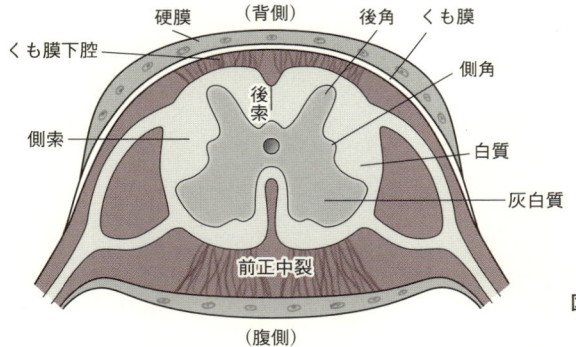

図21・3　脊髄の構造

脳溝　sulcus
脳回　gyrus
前頭葉　frontal lobe
頭頂葉　parietal lobe
側頭葉　temporal lobe
後頭葉　occipital lobe

大脳半球の表面積を広げるために多数存在する溝を**脳溝**，溝と溝との間の隆起を**脳回**という．脳溝として，特に深く明瞭な溝は，中心溝（ローランド溝），外側溝（シルヴィス溝），頭頂後頭溝であり，機能局在部位の同定に役立つ（図21・4）．半球はこれらの溝により**前頭葉，頭頂葉，側頭葉，後頭葉**の4葉に区分される．各葉は，
　　前頭葉：運動，精神，運動性言語機能
　　頭頂葉：感覚野（熱，冷，痛などの体性感覚），知覚や空間の認知・統合などの感覚連合野

側頭葉：聴覚，嗅覚，記憶，言語の中枢
後頭葉：視覚

などの機能的役割をもつ（図21・5）．

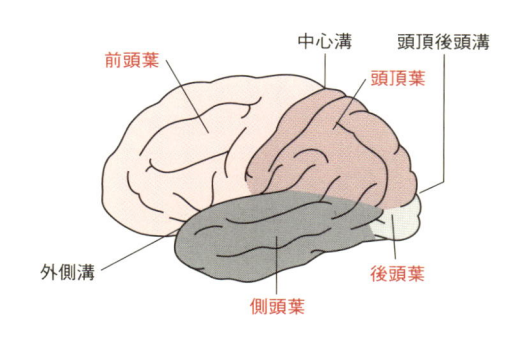

図21・4 大脳の区分

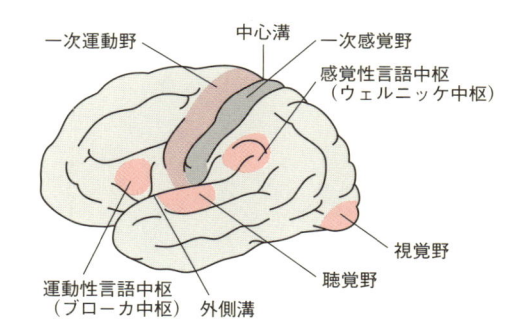

図21・5 大脳皮質の機能領域

　中心溝の前部は運動野で運動のシグナルを発し，後部は知覚野で末梢からの刺激を感知する部位である．また，感覚性言語（ウェルニッケ）中枢は，発せられた言語の理解を行う場所で，運動性言語（ブローカ）中枢は，言語をつくる・発するなどの機能をもつ．

解答　（ア）くも膜　（イ）頭頂葉　（ウ）運動　（エ）運動性言語（ブローカ）（オ）視覚

RANK up　　大脳辺縁系

　大脳辺縁系は，髄質内の神経の集まりで，本能的行動や情動行動，記憶に関係した部位である（図21・6）．情動に関与するのは特に扁桃体で，記憶情報に関与する海馬は種々の感覚情報を統合する．大脳皮質運動野と連絡し，運動機能調節に関係する部位である．大脳基底核は尾状核，被殻，淡蒼球の総称で，

大脳辺縁系　limbic system

大脳基底核　basal ganglia

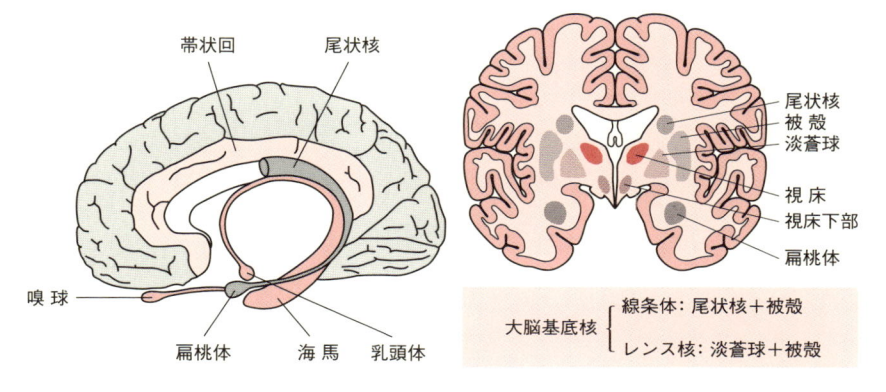

図21・6　大脳辺縁系

図21・7　大脳基底核

大脳基底核 ─ 線条体：尾状核＋被殻
　　　　　　 レンズ核：淡蒼球＋被殻

このうち線条体（尾状核＋被殻）およびレンズ核（被殻＋淡蒼球）を含む（図21・7）．この運動系路を錐体外路系といい，大脳運動皮質運動野（6野）→ 線

条体（尾状核＋被殻）→淡蒼球→脳幹→脊髄→末梢運動器官，の経路をいう．この系の運動機能調節に関係する疾患としてパーキンソン病やハンチントン病が知られており，臨床的に重要な部位である．

基本問題 21・3　間脳，小脳，自律神経

以下の記述の空欄に最も適する語句を記入しなさい．
(1) 間脳はおもに視床と（ア　　　）をいう．
(2) 橋には呼気・吸気運動を調節する（イ　　　）中枢が存在し，延髄には骨格筋の緊張を調節するほかに，心臓と血管の運動を司る血管運動中枢および呼吸を行う呼吸運動中枢がある．
(3) 小脳は深部感覚の調節や身体の（ウ　　　）維持や骨格筋の緊張の調節に関係する．
(4) 自律神経は，交感神経と（エ　　　）神経に分けられ，両者は相反的（拮抗的）作用を示す．

ここが重要

視　床　thalamus
視床下部　hypothalamus
松果体　pineal body

間脳は視床，視床下部および松果体の総称である．脳幹は，生命維持に基本的に必要な最小限の機能を備えた部位であり，間脳（視床，視床下部），中脳，橋，延髄を併せた総称である（図21・1参照）．視床は視覚，聴覚の感覚情報の中継核である．視床は運動中継核でもあり小脳や大脳基底核からの運動情報を大脳皮質運動野に送る．視床は網様体からの情報を大脳皮質に送り，意識水準（睡眠・覚醒）の調節という機能をもち大脳皮質と連結し意識の保持ならびに睡眠，覚醒のリズム調節に重要な働きをする．視床下部は自律神経系の最高中枢で，摂食，飲水，体温調節，性行動などの自律神経反応を調節している．延髄には血管運動中枢および呼吸を行う呼吸運動中枢があり，骨格筋の緊張を調節する．また，橋は呼吸調節中枢で，延髄の呼吸中枢とは機能的に異なる．

小　脳　cerebellum

小脳は，全身の骨格筋運動・緊張を支配し，身体の平衡，運動，姿勢の制御などの全身の運動に関与している．したがって，小脳に障害が起こると，骨格筋の随意運動運動が円滑に行えず，歩行や起立が障害される．

多くの器官を支配する自律神経は，意志とは無関係に自身で活動する神経である．自律神経は交感神経と副交感神経に分類され，両者は相反する機能をもつ（表

表21・1　おもな自律神経の機能

器　官	交感神経	副交感神経
眼（瞳孔）	散　瞳	縮　瞳
心臓（収縮力・拍動数）	増大・増加	減　少
血管（皮膚および粘膜）	収　縮	拡　張
消化管（運動・腺分泌）	抑　制	促　進
膀胱（排尿筋）	弛　緩	収　縮

21・1）．交感神経の末端からはノルアドレナリン・アドレナリンが，副交感神経の末端からはアセチルコリンが各器官に放出され機能を発揮する．

解　答　（ア）視床下部　（イ）呼吸調節　（ウ）平衡　（エ）副交感

基本問題 21・4　内分泌腺と内分泌器官

以下の記述の空欄に最も適する語句を記入しなさい．
(1) 内分泌系による調節は，内分泌腺から血液中に分泌される（ア　　）によって行われる．
(2) 内分泌器官は独立し，代表的な内分泌器官には（イ　　），松果体，甲状腺，上皮小体，副腎などがある．
(3) ホルモンの生体内濃度を一定に保つため，各ホルモンの間には（ウ　　）機構が働いている．
(4) ホルモンは特定の内分泌腺で産生・分泌され，（エ　　）を介して離れた標的器官に運ばれ生理作用を現す．

ここが重要

分泌物が導管を通って分泌され血液を介して目的の部位に運ばれる場合を**外分泌**といい，分泌物が導管を通らず直接血中に放出される場合を**内分泌**といい，分泌物質を**ホルモン**という．ホルモンは内分泌腺で産生される（図21・8）．周囲の組織腔に放出され，周囲の毛細血管に入り血流を介して全身に運ばれ各標的器官・細胞に到達し，それぞれのホルモン受容体によって認識される．ホルモンは生体内濃度を一定に保つため，各器官からの過剰な分泌・放出を抑制するための**フィードバック**機構が働き，互いに一定の生体内濃度を保っている．

内分泌系　endocrine system
外分泌　external secretion
内分泌　internal secretion
ホルモン　hormone

フィードバック　feedback

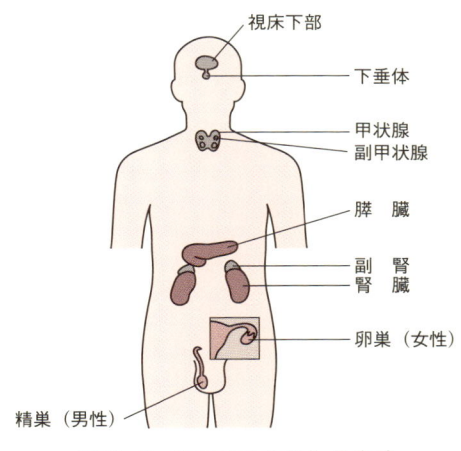

図21・8　体内のホルモン分泌腺

解答　（ア）ホルモン　（イ）下垂体　（ウ）フィードバック　（エ）血液（血流）

基本問題 21・5　下垂体とホルモン

以下の記述の空欄に最も適する語句を記入しなさい．
(1) 下垂体は，下垂体前葉，中葉，後葉から成り，下垂体（ア　　）葉からは副腎皮質刺激ホルモン (ACTH)，成長ホルモン (GH)，プロラクチン (LTH)，甲状腺刺激ホルモン (TSH)，卵胞刺激ホルモン (FSH)，黄体形成ホルモン (LH)，間質細胞刺激ホルモン (ICSH) などが分泌され，血液を介して目的の部位に運ばれる．

(2) 下垂体（イ　　）葉からは，バソプレッシン，オキシトシンが分泌される．
(3) 下垂体（ウ　　）葉からは，メラニン細胞刺激ホルモンが分泌される．

下垂体前葉
anterior pituitary

下垂体中葉
intermediate pituitary

下垂体後葉
posterior pituitary

ここが重要

下垂体前葉および**下垂体中葉**から分泌されるホルモンは，標的器官からの分泌を介して生理作用を発現し，**下垂体後葉**から分泌されるホルモンは，標的器官に直接作用して種々の生理作用を発現する（図21・9）．下垂体後葉からは，抗利

視床下部：後葉ホルモンを合成する

視床下部から放出ホルモンと抑制ホルモンが血流によって前葉に運ばれる．

軸索：後葉ホルモンの通路

前葉：放出ホルモン，抑制ホルモンによって刺激を受けた前葉の細胞でホルモンが合成され，血中に放出される（ACTH, GH, LTH, TSH, FSH, LH, ICSH）．

中葉

後葉：バソプレッシンとオキシトシンが貯蔵され血液中に放出される．

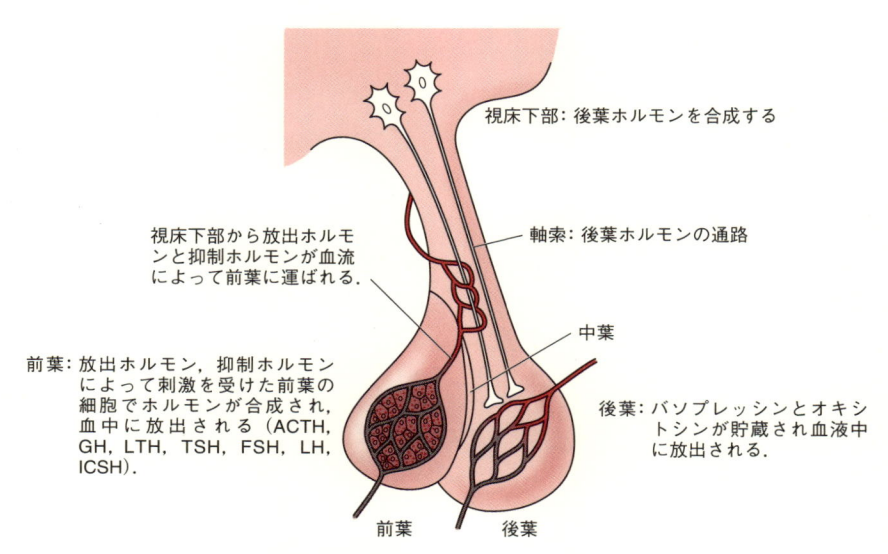

前葉　　後葉

図21・9　下垂体からのホルモン分泌

尿ホルモン (ADH) といわれ尿排泄を抑制するバソプレッシン，子宮筋を収縮させ陣痛を促進するとともに乳汁の放出を促進するオキシトシンが分泌される．ヒトには存在しないが，動物では下垂体中葉からは，体色素変化に関与するメラニン細胞刺激ホルモンが分泌される．

解答　（ア）前　（イ）後　（ウ）中

第22章　皮膚と感覚

Key Words　□皮膚　□視覚　□聴覚　□平衡覚　□味覚　□嗅覚

基本問題 22・1　皮膚と感覚

以下の記述の空欄に最も適する語句を記入しなさい．
(1) 感覚器とは，外界や体外からの情報を感受し，これらを中枢に伝える末梢の受容器で，外皮，視覚器，平衡器，聴覚器，嗅覚器，（ア　　　）器の6種がある．
(2) 皮膚は体の保護および体温調節機能をもち，皮膚内部には（イ　　　）といわれる種々の感覚受容器がある．

ここが重要

　感覚器には**外皮，視覚器，平衡器，聴覚器，味覚器，嗅覚器**の6種がある．視覚器は光を感受する受容器，聴覚器は機械的な動きを感受する受容器，味覚器と嗅覚器は化学物質の刺激を受取る受容器である．
　皮膚の皮下内部の深い位置にある**感覚受容器**が受取る刺激〔位置，筋関節，運動の感覚（振動覚や関節の曲がり具合）〕を**深部感覚**という．皮下組織にあるパチニ小体は圧覚に関係する（図22・1）．表皮下層にあるメルケル小体は触覚に関与し，自由神経終末は痛・温度覚にかかわる．表皮と真皮の接触面の真皮乳頭にはマイスナー小体という感覚受容器があり触覚を感知する．真皮には，圧・触覚にかかわるルフィニ小体という感覚受容器がある．

感覚器　sense organ, sensory organ
外皮　pellicle, tegument
視覚器　optic organ, visual organ
平衡器　eguilibrium organ
聴覚器　auditory organ
味覚器　gustatory organ
嗅覚器　olfactory organ
皮膚　skin
深部感覚　deep sensation

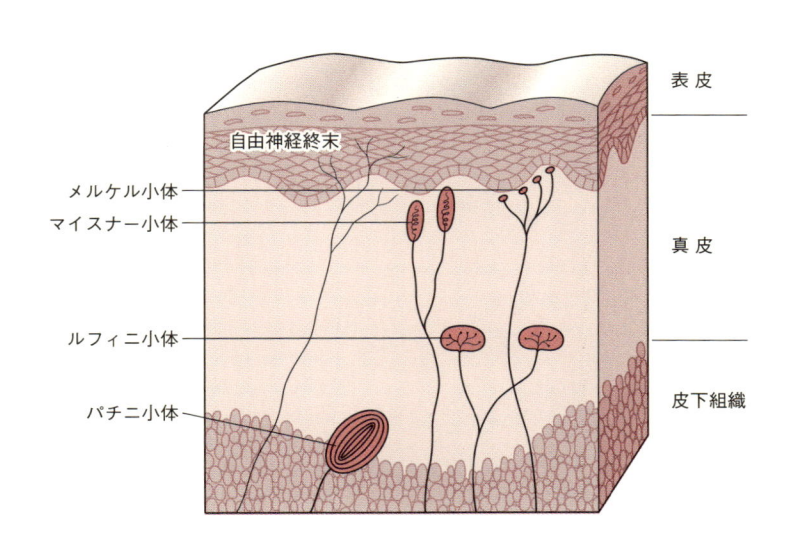

図22・1　皮膚の感覚受容器

解答　（ア）味覚　（イ）深部感覚

RANK up　　　眼球の機能

眼球前部には透明な**角膜**があり，角膜と**水晶体**との間は**眼房**といわれ眼房水で満たされている（図22・2）．その間にある**虹彩**は，前眼房と後眼房とを隔てており，眼房水は毛様体から浸出しシュレム管から排出される．眼房水の産生過剰やシュレム管からの排出障害により眼圧が亢進すると緑内障が起こる．また，水晶体は加齢とともに硬くなり調節機能を失い，その白濁変性は白内障とよばれる．

眼球に入る光量が多いと瞳孔括約筋が収縮し虹彩は縮瞳するが，逆に少ないと瞳孔散大筋が収縮し散瞳する．これを瞳孔反射（対光反射）という．

遠近調節は，毛様体と毛様小帯によって調節されている水晶体の厚みによって行われ，厚くなると近点調節（近視）となり，薄くなると遠点調節（遠視）となる（図22・3）．また，加齢によって水晶体は硬く扁平になるので遠視となる（老視）．

眼球　eyeball
角膜　cornea
水晶体　crystalline lens
眼房　eye chamber
虹彩　iris

図22・2　眼球の構造
←　は眼房水の流れ．

図22・3　遠近調節と水晶体の厚み

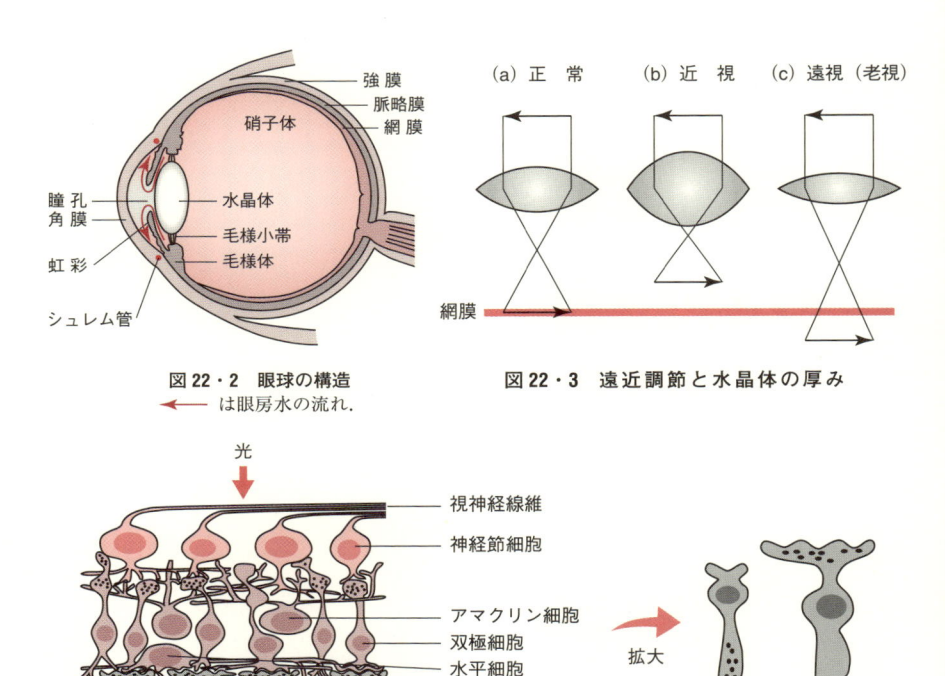

図22・4　網膜の構造

網膜　retina

網膜には，桿体細胞（明暗を感じる）と錐体細胞（色相を感じる）がある（図22・4）．桿体細胞にあるビタミンAからつくられるロドプシンというタンパク質は光受容器である．ビタミンAが欠乏するとロドプシンが合成されないため明暗順応機能が低下し夜盲症（鳥目）となる．

基本問題 22・2　平衡，聴覚，味覚，嗅覚

以下の記述の空欄に最も適する語句を記入しなさい．
(1) 平衡・聴覚器は外側より外耳，中耳，内耳で構成され，内耳にある感覚細胞である有毛細胞により，身体の位置や運動を感知する（ア　　　）覚，音の振動による聴覚を検出する．
(2) （イ　　　）は3本の骨管が互いに直行し，その内部は3個の（前・後・外側）半規管より成る．
(3) 味覚は，味細胞で構成された（ウ　　　）で受容される．
(4) 鼻腔上部粘膜である嗅部の粘膜上皮は，（エ　　　）細胞，支持細胞，基底細胞から成り，嗅細胞の先端から感覚毛である嗅毛が粘膜を覆う粘液中に突出し，吸気中から粘液に溶込んだ嗅物質を検知する．

ここが重要

耳の機能は，音と平衡を感知することである．**外耳**は，集音器である耳介と伝音部である外耳道より成る（図22・5）．外耳道の耳道腺から耳脂が分泌され，脂腺からの分泌物や皮膚の剥離物が混合し耳垢となる．**中耳**は音の振動器である鼓膜，三つの耳小骨（つち骨，きぬた骨，あぶみ骨）から成り，それらを収容する鼓室および咽頭と連絡する耳管により鼓室内の空気圧を外気圧と等しくする．音は耳小骨からそれに続く前庭窓に伝わり，**内耳**の蝸牛の中を満たす外リンパの動きに変えられ，蝸牛管内に伝えられる．一方，**半規管**は縦長軸に対してそれぞれ直角（前），平行（後），水平（外側）方向に組合わされており，その一端は，球形嚢，卵形嚢につながる膨大部という膨らみをつくる．その中には有毛の感覚上皮細胞があり，内リンパの動きを検出し前庭神経を介して身体の平衡などを感知する．

耳　ear

外耳　external ear, outer ear

中耳　middle ear

内耳　inner ear, internal ear

半規管　canalis semicircularis, semicircular canal

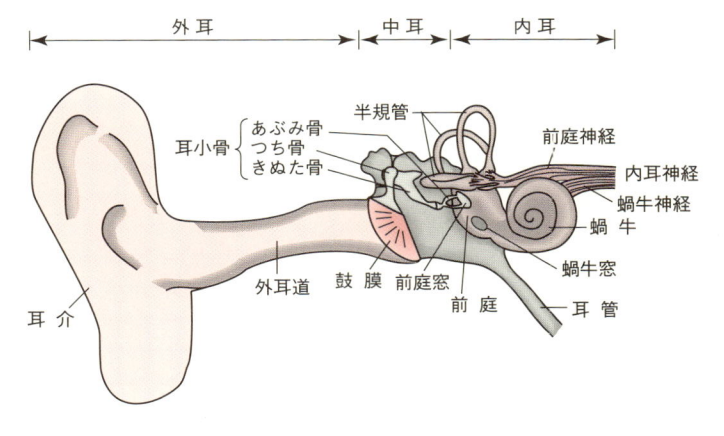

図22・5　耳の縦断面

味覚を感知するのは**味蕾**であり，それを構成する味細胞は有毛細胞である（図22・6）．また，嗅いを感じる嗅細胞も有毛細胞である．

味の基本は酸味，塩味，甘味，苦味の4種類であるが，カツオ節や昆布の"うま味"も基本味の一つとする考えもある．辛みは痛覚受容器で感受されるため味

味蕾　taste bud

覚には含まれない．これらの味は舌の特定の部位で感じる．

　嗅部の粘膜上皮は嗅細胞，支持細胞，基底細胞から成る（図22・7）．嗅細胞の先端の嗅毛が粘膜上の粘液中の吸気中から粘液に溶込んだ嗅いを検知する．第

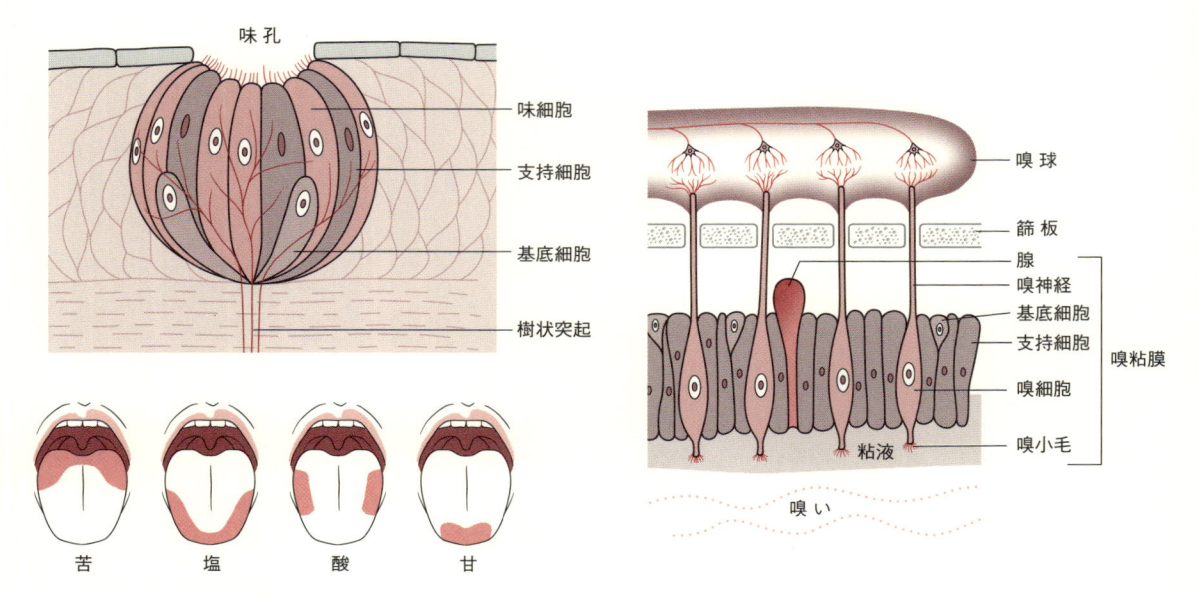

図22・6 味蕾の構造と4種の味受容器の分布

図22・7 嗅粘膜の構造

一脳神経である嗅神経は嗅細胞の軸索で，嗅神経は篩骨の篩板を貫通し嗅球で樹状突起と連結する．

解答　（ア）平衡　（イ）半規管　（ウ）味蕾　（エ）嗅

第Ⅳ部の発展問題

第18章

1 神経細胞の活動に関する記述のうち，正しいものの組合わせはどれか．
 a. 静止状態の神経細胞膜内外のイオン濃度は，外側には Na$^+$，内側には K$^+$ が高い．
 b. 静止膜電位は正の電位を示す．
 c. 閾値以上の刺激により脱分極が起こると，負の活動電位が発生する．
 d. 復極時には，K$^+$ が細胞外から細胞内に流入する．

　　1.（a, b）　　2.（a, c）　　3.（a, d）
　　4.（b, c）　　5.（b, d）　　6.（c, d）

2 以下の記述の空欄に最も適する語句を入れよ．
(1) 胎児や乳幼児の骨髄はほとんど（ア　　）骨髄であるが，成人では（ア　　）骨髄と（イ　　）骨髄がともにみられる．
(2) 骨の栄養血管は骨の表面にある孔である栄養（ウ　　）から入り，骨内を通る管である栄養（エ　　）を通り，骨髄に達する．

3 骨格筋と平滑筋に関する記述のうち，正しいものの組合せはどれか．
 a. 平滑筋は自律神経系の支配を受け，随意筋とよばれる．
 b. 骨格筋と平滑筋は，横紋構造をもつ横紋筋である．
 c. 平滑筋のなかには，持続的収縮や律動的収縮を起こすものがある．
 d. 骨格筋の筋小胞体はよく発達しているが，平滑筋の筋小胞体の発達は悪い．

　　1.（a, b）　　2.（a, c）　　3.（a, d）
　　4.（b, c）　　5.（b, d）　　6.（c, d）

第19章

以下の記述の空欄に最も適する語句を入れよ．
(1) 血管壁には自律神経（血管運動神経）が分布し，血管の拡張／収縮が調節されている．これらの血管運動神経の多くは（ア　　）神経によって調節されている．
(2) 白血球中で（ア　　）は，最も数が多く，細菌や異物を取込む貪食能をもち，化膿性炎症防御や感染防御に重要な役割を果たしている．
(3) エリスロポエチンは，赤血球新生を（ウ　　）する．
(4) 骨髄における白血球の産生組織の悪性腫瘍（腫瘍性増殖）を（エ　　）という．
(5) 消化管壁には自律神経系の神経が広く分布しており，平滑筋の運動や腺の分泌を調節し，粘膜下組織内にある粘膜下神経叢と筋層間（輪走筋と縦走筋の間）には（オ　　）神経叢がある．
(6) 食物の胃への移行は，縦走筋と輪状筋の収縮・弛緩による（カ　　）運動による．

(7) 回腸と大腸の接合部より下方で行詰まりの袋状の部位を（キ　　）という．
(8) 内肛門括約筋は，輪層の平滑筋で肛門を反射的に開閉し，その外周囲には（ク　　）より成る外肛門括約筋があり意識的に開閉する．

第 20 章
以下の記述の空欄に最も適する語句または数値を入れよ．
(1) 呼吸に関与する呼吸筋は胸郭の肋間筋と胸腔底の（ア　　）である．
(2) 右気管支は，左気管支に比べて太く，短く，垂直に走行しているので，気管に侵入した異物は（イ　　）気管支に入りやすい．
(3) 肺の表面は切込みによって葉に分けられ，右肺は 3 葉に分かれ，左肺は（ウ　　）葉に分けられる．
(4) 肺胞壁が破壊され肺胞同士が融合したり，異常に拡大した病態を（エ　　）という．
(5) 尿細管は，糸球体に近い側から近位尿細管，（オ　　），遠位尿細管，集合管に区別される．
(6) 膀胱壁は内層から粘膜，筋層，漿膜の 3 層から成り，内面は（カ　　）上皮が覆っている．

第 21 章
1 以下の記述のうち，正しいものの組合わせはどれか．
 a. 神経軸索を興奮が伝わることを興奮の伝達という．
 b. 細胞同士が非常に接近し，伝達のために分化した構造をシナプスという．
 c. 神経末端には，神経伝達物質を貯蔵しているミトコンドリアが存在する．
 d. 神経伝達物質は，神経の興奮によりシナプス間隙に放出される．
　　　　1.（a, b）　　2.（a, c）　　3.（a, d）
　　　　4.（b, c）　　5.（b, d）　　6.（c, d）

2 前頭葉の三つのおもな働きをあげよ．

3 以下の記述のうち，正しいものの組合わせはどれか．
 a. 交感神経系は，一般に刺激に応じて緊急時に作動し，エネルギーを消費するように働く．
 b. 副交感神経系は，一般に平常時の生体機能を保つ役割を果たし，エネルギーを保存するように働く．
 c. 交感神経系の興奮により，消化管の運動および消化液の分泌の促進がみられる．
 d. 副交感神経系の興奮により，心拍数増加および心収縮力増加といった心臓機能の亢進がみられる．
　　　　1.（a, b）　　2.（a, c）　　3.（a, d）
　　　　4.（b, c）　　5.（b, d）　　6.（c, d）

4 以下の記述の空欄に最も適する語句を入れよ．
(1) 下垂体前葉から分泌される（ア　　）は，乳汁の産生や分泌を促進する．
(2) 下垂体前葉から分泌される性腺刺激ホルモンのうち，（イ　　）刺激ホルモン（FSH）は卵巣での卵胞成熟を促進し，黄体形成ホルモン（LH）は成熟卵胞に働き排卵を誘発する．
(3) 間脳の視床下部にある松の実形をした内分泌腺である松果体は，性腺刺激ホルモンの分泌抑制や，体内時計としての働きをしている（ウ　　）を分泌する．
(4) 甲状腺からチロキシンおよびトリヨードチロニンが毛細血管へ放出され，これらは物質代謝や（エ　　）の発育を促進する．
(5) 副腎皮質からは（オ　　）やアルドステロンなどが分泌され，これらは腎臓におけるナトリウムイオンの再吸収を促進させ細胞外液量の調節などに関与する．
(6) 下垂体前葉から分泌される（カ　　）は，ストレスにより副腎皮質から糖質コルチコイド・コルチゾンなどを分泌させる．
(7) 女性ホルモンは卵巣から分泌されるホルモンで，（キ　　）と黄体ホルモン（プロゲステロン）の2種類より成る．
(8) 唾液腺から分泌されるホルモンである（ク　　）は，血糖の低下作用や骨成長の促進作用がある．

第22章

1 以下の記述のうち，正しいものに○印，誤っているものに×印をつけよ．
 a. 表皮は，真皮側から基底層，有棘層，顆粒層，淡（透）明層，角質層から成り，角質層のケラチノサイトは，無核の細胞である．
 b. 表皮中のメラノサイトは，赤外線を吸収することで皮膚を保護している．
 c. メルケル細胞は，真皮に存在し感覚ニューロンと接触して機械的刺激に対する受容器として働く．

2 以下の記述のうち，正しいものに○印，誤っているものに×印をつけよ．
 a. 網膜には光受容細胞が2種類あり，錐体は光の強弱を感知し，桿体は色を感知する．
 b. 網膜の光受容細胞は，神経節細胞に軸索をのばしている求心性の神経細胞である．
 c. 白内障では，水晶体が濁り透明性が失われる．
 d. 緑内障では，眼房水が貯留することにより眼圧が上昇し視神経の障害をひき起こす．

発展問題の解答

第I部 生体の基本的な構造と機能
第1章
1 (ア) 高張　(イ) 原形質分離　(ウ) 半透　(エ) 全透

2 核＞ミトコンドリア＞リソソーム＞リボソーム

3 葉緑体，細胞壁

4 (ア) 受動　(イ) 能動　(ウ) ATP（アデノシン三リン酸）

能動輸送では ATP が ADP（アデノシン二リン酸）に加水分解されるときに生じる自由エネルギーを利用して濃度の薄い側から濃度の濃い側へと物質が輸送される．

$$\text{ATP} + \text{H}_2\text{O} \rightarrow \text{ADP} + 無機リン（自由エネルギー放出）$$

5 キュウリにまぶした食塩は空気中の水分を吸収して非常に高い濃度の食塩水に変化する．その結果，キュウリ内部（細胞内液）から水分がキュウリ外部に出ていき，キュウリそのものの内容積が縮小し，柔らかで小さな形に変わる．これが漬物をつくる原理に当たる．すなわち，細胞を高張溶液に浸した場合に相当する．

第2章
1 リソソームにはタンパク質などの生体高分子を分解する種々の酵素が含まれているが，こうした生体高分子は通常の pH では特有の立体構造をとり，酵素が働きにくい状態にある．しかし pH が低いと立体構造がほぐれて（変性）酵素が働きやすい状態になる．またリソソーム内の酵素類は，pH が 5 以下で最もよく働く．

2 リソソームの膜にはプロトン（H^+：水素イオン）のポンプが存在し，細胞質からプロトンをリソソーム内に輸送して，内部を pH 5 以下に保っている．

3 (1) 葉緑体−(a)　(2) ミトコンドリア−(b)　(3) 核−(c)　(4) ゴルジ体−(d)

第3章
1 スクロースはグルコース（ブドウ糖）とフルクトース（果糖）が α1→β2 で結合したもの．ラクトースはガラクトースとグルコースが β1→4 で結合したもの．マルトースはグルコースとグルコースが α1→4 で結合したもの．

2 グリコーゲン，セルロース

グリコーゲンは肝臓に蓄えられ，必要に応じてグルコースにまで分解されエネルギー産生に利用される．セルロースはグルコース同士が β1→4 結合でつながったものであり，おもに植物体の構成成分になっている．ただしヒトはこれを分解する酵素のセルラーゼがないため消化できない．

3 脂質類はほとんどそのままでは血液（水溶液）に溶けない．しかしこうした不溶性物質もタンパク質などの水溶性の高い物質に結合させると血液中を運搬できるようになる．こうした脂質とタンパク質が結合してできた複合体を**リポタンパク質**とよぶ．おもなリポタンパク質として**キロミクロン，超低密度リポタンパク質，低密度リポタンパク質，高密度リポタンパク質**がある．

4 リノール酸，アラキドン酸，α−リノレン酸

5 長鎖脂肪酸の合成は，炭素 2 個の脂肪酸（酢酸，実際にはアセチル CoA）が出発物質で，それがつながってできるため，結果として偶数個の炭素をもった長鎖脂肪酸ができる．

6 ビタミン D，ステロイドホルモン類，胆汁酸類

7 胃：ペプシノーゲン（活性化されてペプシンとして働く）

膵臓：トリプシノーゲン（活性化されてトリプシンとして働く）

キモトリプシノーゲン（活性化されてキモトリプシンとして働く）

その他のプロテアーゼ

8 ヒトの染色体は 23 対，46 本あり，平均して 1 本の染色体当たり約 1 億 3 千万塩基対の長さの DNA から成っている（図 11・3 も参照）．

9 mRNA は，転写とよばれる過程により DNA の塩

基配列を写しとった構造をもつ．mRNA 中の塩基配列に基づいてアミノ酸が配列・連結されタンパク質が合成される．

10

(アデノシン三リン酸 ATP の構造式)

第 II 部　代謝とエネルギー
第 4 章

1　a, d

"グルコース＋リン酸 → グルコース 6-リン酸
　　　　　　　　＋ H_2O" の変化 ＝ +13.8 kJ/mol

"ATP ＋ H_2O → ADP ＋リン酸" の変化
　　　　　　　　　　　　　　＝ －30.5 kJ/mol

であるから反応 a の標準自由エネルギー変化は，+13.8－30.5 ＝ －16.7 kJ/mol である．この値が負であるのでこの反応は標準状態において自発的に進行する．同様に，各反応の標準自由エネルギー変化は，
　b: +16.7 kJ/mol, c: +12.6 kJ/mol, d: －12.6 kJ/mol．

2　(1) ×：ATP だけでなく ADP も高エネルギー化合物である．
(2) ×：ATP のもつエネルギーは，高エネルギー化合物の中でほぼ中間に位置する．
(3) ○
(4) ○

3　生体内においても，生体外においてもグルコースは次式のように酸化されて二酸化炭素と水が生成する．

グルコース （$C_6H_{12}O_6$）＋6 O_2 → 6 CO_2 ＋6 H_2O

生体外の直接燃焼では，火をつけて燃やすといった大きな活性化エネルギーを必要とする．また，反応は一段階であり一気に二酸化炭素と水が生成し，発生したエネルギーは光と熱エネルギーとして大気中に放出される．生体内では，反応は多段階的であり各反応で少しずつ生成したエネルギーを最終的に ATP という形で補足する．各反応の活性化エネルギーは，酵素により低くなり体温程度で反応が進行する．

4　(1) 転移酵素
(2) 加水分解酵素
(3) 結合酵素：合成酵素ともいう．
(4) 酸化還元酵素：酸化還元酵素は，さらに脱水素酵素，酸化酵素，酸素添加酵素などに分類されるが，これは脱水素酵素の反応である．

第 5 章

1　表 "代表的な消化酵素とその分泌細胞，標的基質，生成物" を参照．

2　アセチル CoA のおもな供給経路は，
① グルコース→（解糖）→ピルビン酸
　　　　　　　　　　　　　　→アセチル CoA
② 脂肪酸 →（β 酸化）→アセチル CoA
③ アミノ酸（ロイシン，イソロイシン，リシンなど）
　　　　　　　　　　　　　　→アセチル CoA
の三つである．おもな役割は，
・アセチル基供与体として種々の物質のアセチル化に関与する
・クエン酸回路で分解され共役する電子伝達系で ATP を生成する

表　代表的な消化酵素とその分泌細胞，標的基質，生成物

消化酵素	分泌細胞 （組織，器官）	標的基質	生成物
α-アミラーゼ	唾液腺，膵臓	デンプン	グルコース，マルトース
マルターゼ	小腸粘膜細胞	マルトース（麦芽糖）	グルコース
ラクターゼ	小腸粘膜細胞	ラクトース（乳糖）	ガラクトース，グルコース
スクラーゼ	小腸粘膜細胞	スクロース（ショ糖）	グルコース，フルクトース
膵リパーゼ	膵臓	トリアシルグリセロール	脂肪酸，モノアシルグリセロール
ペプシン	胃	タンパク質，ペプチド	ペプチド
トリプシン	膵臓	タンパク質，ペプチド	ペプチド
キモトリプシン	膵臓	タンパク質，ペプチド	ペプチド
ペプチダーゼ	小腸粘膜細胞	ペプチド	アミノ酸

・ケトン体，脂肪酸，コレステロールの合成原料となる

などである．

第6章

1
（1） a．ヘキソキナーゼ　b．ホスホフルクトキナーゼ　c．グリセルアルデヒド3-リン酸デヒドロゲナーゼ　d．ピルビン酸キナーゼ　e．乳酸デヒドロゲナーゼ
（2） a，b
（3） c：d は ATP 生成反応，e は NADH+H$^+$ を NAD$^+$ に酸化する反応．

2（ア）乳酸
（イ）アセトアルデヒド

ピルビン酸　　　　　　アセトアルデヒド
(CH$_3$COCOOH) → (CH$_3$CHO) + CO$_2$

（ウ）エタノール

アセトアルデヒド
(CH$_3$CHO) + NADH + H$^+$
　　　　　→ エタノール + NAD$^+$
　　　　　　(CH$_3$CH$_2$OH)

（エ）発酵

3（1） ○
（2） ×：ピルビン酸の酸化的脱炭酸反応によりアセチル CoA が生成する．この反応は解糖系とクエン酸回路を結びつける重要な反応である．この反応には ATP は必要ない．
（3） ○
（4） ×：この反応は不可逆的であり，アセチル CoA からピルビン酸を合成することはできない．

第7章

1（ア）ピルビン酸デヒドロゲナーゼ複合体
（イ）CO$_2$

ピルビン酸
(CH$_3$COCOOH) + NAD$^+$ + CoA-SH
→ アセチル CoA
　(CH$_3$CO〜S-CoA) + NADH + H$^+$ + CO$_2$

（ウ）アセチル CoA
（エ）オキサロ酢酸

2
（1） a．イソクエン酸デヒドロゲナーゼ　b．2-オキソグルタル酸デヒドロゲナーゼ複合体　c．コハク酸チオキナーゼ　d．コハク酸デヒドロゲナーゼ　e．リンゴ酸デヒドロゲナーゼ
（2） c
（3） a，b，e：d は FAD を還元して FADH$_2$ を生成する反応．

3（ア）酸素：1/2 O$_2$ + 2 H$^+$ + 2 e$^-$ → H$_2$O
（イ）酸化的リン酸化：
　　　　　ADP + リン酸 → ATP + H$_2$O
（ウ）ミトコンドリア
（エ）プロトン（H$^+$）

4 ADP をリン酸化して ATP を生成するには外部からのエネルギー供給が必要である．このエネルギーを高エネルギー化合物（ホスホエノールピルビン酸，スクシニル CoA など）の分解に依存するものを基質レベルでのリン酸化という．一方，このエネルギーをミトコンドリア内膜の内外に生じた H$^+$ の濃度勾配に依存するものを酸化的リン酸化という．H$^+$ の濃度勾配はミトコンドリア内膜上での電子伝達の過程で生じ，この濃度勾配を化学ポテンシャルとして利用し，ATP 合成酵素が ADP とリン酸から ATP を合成する．

第8章

1（1） ×：アドレナリンは肝臓におけるグリコーゲンの分解を促進させ，合成を抑制する．
（2） ○
（3） ○
（4） ×：筋肉はグルコース 6-ホスファターゼを欠くので，グルコース 6-リン酸をグルコースに変換して血中に輸送することができない．したがって，筋肉のグリコーゲンは血糖値の調節に関与しない．

2 "グルコース → グルコース 6-リン酸"は，ヘキソキナーゼまたはグルコキナーゼにより触媒される．一方，"グルコース 6-リン酸 → グルコース"は，この酵素による逆反応ではなくグルコース 6-ホスファターゼにより触媒される．

3 インスリンの欠乏により細胞膜上のグルコース輸送体の活性が低下すると，血中グルコースの細胞内への輸送量が低下して糖尿病が発症する．そこで，細胞のエネルギー不足を補うために脂肪細胞に貯蔵してあるトリアシルグリセロールの分解が促進され多くのアセチル CoA が生成する．しかし，クエン酸回路が円滑に進行するためにはグルコースから生成するオキサロ酢酸が必要であり，グルコースが不足するとオキサロ酢酸の供給量も低下するためアセチル CoA がクエン回路へ導入されにくくなる．

クエン酸回路で処理されないアセチル CoA はケトン体（アセト酢酸，3-ヒドロキシ酪酸，アセトン）に変換され，体の pH が酸性に傾く．この状態をケトアシドーシスといい，ケトン体の尿中への排泄に伴って大量の水が排泄されるので脱水症状が起こりやすくなる．

第9章

1 (1) ○
(2) ×：炭素数 16 のパルミチン酸は 7 回の β 酸化を受け，8 分子のアセチル CoA が生成する．
(3) ○
(4) ×：脂肪酸の分解により生じた過剰のアセチル CoA がクエン酸回路で処理されなくなると，大量のケトン体が生じる．第 8 章 発展問題 **3** の解説を参照．

2 108 モル
1 モルのパルミトイル CoA（$C_{15}H_{31}CO\sim S\text{-}CoA$）は 7 回の β 酸化を受け，8 モルのアセチル CoA が生成する．この過程で 7 モルの $FADH_2$ と $NADH+H^+$ が生成するので，これらの還元型補酵素から電子伝達系で，$7 \times (1.5+2.5) = 28$ モルの ATP が生成する．
1 モルのアセチル CoA からは，$(3 \times 2.5)+(1 \times 1.5)+1 = 10$ モルの ATP が生成するので，8 モルのアセチル CoA からは 80 モルの ATP が生成する．したがって，1 モルのパルミトイル CoA からは，$28+80 = 108$ モルの ATP が生成する．

3 (ア) マロニル CoA：$HOOC\text{-}CH_2\text{-}CO\sim S\text{-}CoA$
(イ) CO_2：炭酸固定反応であり，補酵素としてビオチンが必要である．
(ウ) 2

4 (ア) リノール酸：$18:2^{9,12}$（炭素数 18 で 9, 12 位に二重結合が存在するという意味）．
(イ) アラキドン酸：$20:4^{5,8,11,14}$
(ウ) α-リノレン酸：$18:3^{9,12,15}$（リノール酸，アラキドン酸，α-リノレン酸を必須脂肪酸という）．
(エ) ドコサヘキサエン酸（DHA）
(オ) エイコサノイド：プロスタグランジンなど生理的，薬理的効果を有する C_{20} の高度不飽和脂肪酸．

第10章

1 (ア) 2-オキソグルタル酸：2-オキソグルタル酸の還元的アミノ化反応（グルタミン酸の酸化的脱アミノ反応の逆反応）．
(イ) グルタミン酸デヒドロゲナーゼ：本酵素は両方向の反応を進行させる．
(ウ) グルタミン合成酵素：アミノ酸の分解により生成したアンモニアをグルタミン酸に固定化する反応．
(エ) グルタミン

2
(ア) アルギナーゼ：アルギニンの加水分解的切断反応．
(イ) 尿素
(ウ) オルニチン："アルギニン + H_2O → オルニチン + 尿素"の反応は細胞質基質で起こる．
(エ) カルバモイルリン酸："オルニチン + カルバモイルリン酸 → シトルリン + リン酸"の反応はミトコンドリア内で起こる．
(オ) アスパラギン酸：ATP 消費反応．シトルリン + アスパラギン酸 + ATP → アルギノコハク酸 + AMP + ピロリン酸

3 (1) ×：アミノ酸（実質的にはグルタミン酸）の酸化的脱アミノ反応は，グルタミン酸デヒドロゲナーゼにより触媒される．
(2) ○
(3) ○
(4) ×：ケト原性アミノ酸とは，最終的にアセチル CoA やアセトアセチル CoA に代謝されるアミノ酸のことである．スクシニル CoA に代謝されるものは糖原性アミノ酸．

4 (1) ×：α-アミノ酸の脱炭酸反応では ATP は消費されない．
(2) ○
(3) ×：$NADH+H^+$ は生成しない．
グルタミン酸 → γ-アミノ酪酸 + CO_2
(4) ○

第Ⅲ部　遺伝子と生命

第11章

1 (1) F_2 を参考に解く．エとオは AB，ウとカは Ab，イとキは aB，アとクは ab．
(2) 9：3：3：1
F_1 でエンドウの種子の形と子葉の色が丸形・黄となったことから，形については丸形（A）が，子葉の色については黄（B）が優性であることがわかる．
遺伝子型が AABB（1），AABb（2），AaBB（2），AaBb（4）は丸形・黄（9）となり，AAbb（1），Aabb（2）は丸形・緑（3）となり，aaBB（1），aaBb（2）はしわ形・黄（3）となり，aabb（1）はしわ形・緑（1）となるので解は，9：3：3：1．
F_1 の配偶子形成のときに，2 対の対立遺伝子（A・a，B・b）は互いに独立に配偶子に分配され，4 種類の異なる遺伝子型の配偶子が同じ割合で生じる（**独立の法則**）．

2 (1) b（ただしcも可） (2) d (3) f (4) i
3 6
a: 雑種第一代（F_1）では，優性の形質が現れる．
b: 優性と劣性の比は3：1である．

第12章
1 (1) a (2) c (3) g (4) i
2 （ア）方向性または極性 （イ）相補的 （ウ）A （エ）Z （オ）10～12
3 2
b: DNAの糖は2-デオキシ-D-リボースで，RNAの糖はD-リボースである． d: 熱によって二本鎖DNAの水素結合が切断されて，別々の一本鎖になってしまうことを，DNAの変性または融解という．

第13章
1 (1) b (2) f (3) h (4) j
2 （ア）T （イ）U （ウ）2-デオキシ-D-リボース （エ）D-リボース （オ）2 （カ）キャップ （キ）ポリ（A） （ク）hnまたはヘテロ核
3 1
c: 真核細胞のmRNAの5′末端には，キャップ構造が付加している． d: リボソームは，数種類のRNAと多くのタンパク質から成る．

第14章
1 (1) a (2) e (3) g (4) i
2 （ア）DNA （イ）RNA （ウ）タンパク質 （エ）RNA （オ）DNA （カ）逆転写酵素
3 3
c: ヒストンタンパク質の八量体にDNAが巻付いている． b: テロメアは染色体の両端部である．基本問題11・3を参照． d: DNA鑑定は，DNAの個体差に基づく鑑定法である．

第15章
1 (1) b (2) d (3) i (4) g
2 （ア）1 （イ）σ （ウ）ホロ （エ）グルコース （オ）ラクトース （カ）イントロン
3 3
b: tRNAはRNAポリメラーゼIIIによって合成される．
c: poly(A)が付加される．

第16章
1 (1) d (2) e
(3) g: 真核生物の場合，翻訳反応は細胞質のリボソームにより行われ，遊離型リボソームによる反応と小胞体膜結合型リボソームによる反応の2種類がある．また，それぞれのリボソームにより生成したタンパク質の行方は異なる．第16章 発展問題**2**も参照．
(4) i
2 （ア）5′ （イ）メチオニンまたはN-ホルミルメチオニン （ウ）リボザイム （エ）遊離型 （オ）小胞体膜結合型 （カ）遊離
3 3
b: mRNAのコドンと結合するのは，（アミノアシル）tRNAである． c: 核内のタンパク質は，細胞質で合成された後，核に輸送されたものである．

第17章
1 (1) d (2) e (3) g (4) i
2 （ア）核 （イ）5′ （ウ）3′ （エ）多数 （オ）両 （カ）ヘリカーゼ （キ）一本鎖結合タンパク質（SSB）
3 1
b: テロメラーゼは，テロメラーゼがもつRNAを鋳型にDNAを合成するので，逆転写酵素の一種である．
c: DNAヘリカーゼは，二本鎖DNAのらせんを巻戻す酵素で，複製過程で生じるDNA二重らせんのひずみを解消するのは，DNAトポイソメラーゼである．
d: DNAポリメラーゼ反応には，プライマーが必要である．

第IV部　ヒトの体の構造・機能
第18章
1 3　基本問題18・2を参照．
2 (1) （ア）赤色 （イ）黄色
骨髄は，胎児や乳幼児のように若い時代には造血作用が盛んで血球に富む赤色骨髄と，年齢を重ねるに伴い造血作用を失い脂肪組織となる黄色骨髄に分類される．したがって，骨端には赤色骨髄が多く，骨の両端を除いた部分（骨幹）の骨髄腔には黄色骨髄が詰まっている．
(2) （ウ）孔 （エ）管
骨の栄養血管は骨の表面にある孔から入り，骨内を通る管を通り骨髄に達する．
3 6
平滑筋は，横紋構造をもたず，自分の意志では動かすことが不可能である不随意筋である．機能的には内臓平滑筋は持続的収縮や律動的収縮を起こす．骨格筋活動時のカルシウムの供給源としては，筋小胞体からの由来が大部分である．しかし，平滑筋では細胞外か

ら取込まれたものが収縮に利用され，筋小胞体はきわめて少ない．

第 19 章
（ア）交感：血管は交感神経と副交感神経によって活動が制御されているが，交感神経が優位にその活動を支配している．
（イ）好中球
（ウ）促進：エリスロポエチンは，腎臓から分泌されるホルモンで赤血球の生成を促進する．
（エ）白血病
（オ）筋層間：粘膜下神経叢をマイスネル神経叢，筋叢間神経叢をアウエルバッハ神経叢という．
（カ）蠕動：おもな消化管運動には，縦走筋による縦の方向に動く振子運動，くびれるように働く輪状筋が収縮する分節運動および蠕動運動がある．
（キ）盲腸
（ク）横紋筋：骨格筋で随意筋である．

第 20 章
（ア）横隔膜：肋間筋と横隔膜の動きによって呼吸が行われる．
（イ）右
（ウ）2：ヒトの肺は左2葉，右3葉である．
（エ）肺気腫
（オ）ヘンレ係蹄（ヘンレのループ）：腎臓の内部には血液を糸球体で沪過後，尿生成にかかわる尿細管がある．ヘンレ係蹄は糸球体に近い側から近位尿細管に続く部位で，U字型（馬の蹄型）をしているのでループ（係蹄）という．遠位尿細管，集合管につながる．尿はこれらの管を通過する途中で生成される．ヘンレ（F. G. J. Henle）はドイツの解剖・病理学者．

（カ）移行：尿路の内側にあり伸縮に伴い形態が変化（移行）するため名づけられた．

第 21 章
1 5
　神経興奮の伝わり方のうち，伝達はシナプスのように構造上間隙を隔て，伝達物質を介して他の神経に興奮が伝わるものをいい，伝導は構造上の間隙を隔てていないものの神経を興奮が伝わることをいう．神経伝達物質を貯蔵しているのはシナプス小胞である．
2 運動機能，精神機能，運動性言語機能
3 1
　一般に交感神経は活動・興奮時，副交感神経はリラックス・安静時に活動する．交感神経系の興奮により，消化管の運動および消化液の分泌の抑制がみられる（興奮時）．また，副交感神経系の興奮により，心拍数減少および心収縮力低下といった心臓機能の抑制がみられる（リラックス時）．
4 （ア）プロラクチン　（イ）卵胞　（ウ）メラトニン　（エ）骨　（オ）鉱質コルチコイド　（カ）副腎皮質刺激ホルモン（ACTH）　（キ）卵胞ホルモン（エストロゲン）　（ク）パロチン

第 22 章
1 a. ○　b. ×　c. ×
2 a. ×　b. ×　c. ○　d. ○
　網膜の錐体細胞，桿体細胞の役割を知る．網膜の光受容細胞からの光情報は，水平細胞，双極細胞，アマクリン細胞，神経節細胞の順に伝達される（図22・4を参照）．したがって，直接神経節細胞に軸索を伸ばしているのではない．また，白内障は水晶体の代謝障害により起こる水晶体混濁であり，緑内障は眼房水の排出障害により起こる．

索　引

あ

iSNP　74
アクチベーター　75
アシル CoA　32, 46
アストログリア　99, 100
アセチル CoA　31, 36
アデニル酸シクラーゼ　45
アデニン　19, 65
アデノシン三リン酸　7, 27, 34
アデノシン二リン酸　27
アドレナリン　44
アニーリング　66
アポ酵素　28
アミノアシル tRNA　80, 82
アミノアシル tRNA 合成酵素　80
アミノ基転移反応　50
アミノ酸　17
アミノ酸代謝　50
アミラーゼ　105
アミロース　14
アミロペクチン　14
アラキドン酸　48
rRNA　6, 21, 69
rSNP　74
RNA　6, 19, 65, 68
RNAi　71
RNA 干渉　71
RNA プロセシング　77
RNA ポリメラーゼ　76
RNA ポリメラーゼⅠ　77
RNA ポリメラーゼⅡ　77
RNA ポリメラーゼⅢ　77
アルギニン　51
アルドース　13
αヘリックス　18
アンチコドン　69, 83

い，う

胃　103

異化　26
鋳型　84
鋳型 RNA　87
一塩基多型　73
一次構造　18
一倍体　61
一本鎖 DNA 結合タンパク質　86
遺伝　60
遺伝暗号　21
遺伝形質　60
遺伝子　60
遺伝子型　60
遺伝子組換え医薬　87
遺伝子工学　87
遺伝子診断　87
遺伝子多型　73
遺伝子治療　87
遺伝子ライブラリー　78
インスリン　43, 105
イントロン　69, 77
ウラシル　19, 65
ウリジン二リン酸グルコース　41

え

hnRNA　69
HMG-CoA　47
栄養素　30
A型（DNAの）　67
エキソサイトーシス　9
エキソン　77
siRNA　71
snRNA　71
snRNP　71, 78
SNP　73
S 期　63
ATP　7, 27, 34
ADP　27
NADH　29, 34, 38
エネルギー　26
エネルギー運搬体　26
A 部位　81, 83
FADH$_2$　29, 38

miRNA　71
mRNA　21, 69
M 期　63
塩基　64
塩基置換変異　82
塩基対　21, 66
塩基配列　21
延髄　109
エンドサイトーシス　8
エンハンサー　74

お

大きい溝　66
岡崎フラグメント　86
2-オキソグルタル酸　50, 53
オーダーメイド医療　74, 87
オペレーター　74
オペロン　73
オリゴデンドログリア　99, 100
オルニチン　51

か

外耳　117
開始因子　82
解糖　34, 36
解糖系　10, 34
外皮　115
外分泌　113
核　3
核　酸　19, 65
核酸塩基　19
核小体　3, 6
核内低分子 RNA　71
核内低分子リボ核タンパク質　71, 78
核膜　3, 6
角膜　116
核膜孔　6
核様体　62
下垂体後葉　114
下垂体前葉　114

索引

か
下垂体中葉　114
加水分解酵素　29
ガス交換　107
加チオール分解　49
活性化エネルギー　28
滑走説　99
活動電位　99, 100
滑面小胞体　3, 9
加リン酸分解　41
カルバモイルリン酸　51
感覚器　115
感覚受容器　115
眼球　116
還元的アミノ化反応　53
環状DNA　62
肝臓　104
間脳　109, 112
眼房　116

き
器官　2, 96
基質特異性　28
気道　106
希突起神経膠細胞→オリゴデンドログリア
逆転写　72
逆転写酵素　72, 87
キャップ構造　69, 78
嗅覚器　115
嗅細胞　118
嗅粘膜　118
橋　109
筋収縮　98
筋肉　98

く
グアニン　19, 65
腔　98
クエン酸回路　7, 33, 37, 39
くも膜　110
グリア細胞　99, 100
グリコーゲン　41, 44
グリコーゲンホスホリラーゼ　41, 44
クリステ　7, 38
グリセロール　16
グルカゴン　43
グルコース　12, 30, 41
グルコース6-ホスファターゼ　43, 44
グルコーストランスポーター　43
グルコース輸送体　43
グルタミン酸　53
グルタミン酸デヒドロゲナーゼ　53
クローニング　78
クロマチン　6, 62

け
形質　60
血液　101
血液循環　102
血液脳関門　99
血球　101
結合酵素　29
欠失　82
血漿　101
血小板　101
血清　101
結腸　103
血糖値　41, 43
血友病A　62
α-ケトグルタル酸→2-オキソグルタル酸
ケト原性アミノ酸　53
ケトース　13
ケトン体　33, 47
ゲノム　73
ゲノムDNAライブラリー　78
原核細胞　3
嫌気的呼吸　10
減数分裂　61

こ
高エネルギー化合物　27
交感神経　110
好気的呼吸　7
口腔　103
虹彩　116
酵素　28
酵素-生成物複合体　28
酵素反応　26
後頭葉　110
肛門　103
呼吸器　106
呼吸器系　106
呼吸鎖　7, 39
五炭糖　13, 65
骨格筋　98
コドン　69, 80
ゴルジ体　3, 8
コレステロール　11, 47

さ
サイクリックAMP　45, 79
再生　66
細胞　2, 4, 96

細胞外液　5
細胞骨格　10
細胞質　3
細胞質基質　10
細胞周期　63
細胞小器官　3, 6
細胞内液　5
細胞分裂　61
細胞膜　3, 4, 9
サイレンサー　75
雑種第一代　60
雑種第二代　61
酸化還元酵素　29
酸化的脱アミノ反応　50
酸化的リン酸化　35
三次構造　18
三大栄養素　30

し
cSNP　74
cAMP　45, 79
視覚器　115
自家受精　61
G期→G_0期, G_1期, G_2期
σ因子　77
刺激伝導系　102
脂質　14, 46
脂質代謝　46
脂質の合成　47
視床　112
視床下部　112
シストロン　73
G_0期　63
G_2期　63
cDNA　78
ジデオキシ法　67
シトクロムP450　9, 74
シトシン　19, 65
シナプス　99
脂肪酸　15, 30, 46
脂肪酸酸化系　7
脂肪酸β酸化　49
脂肪組織　15
シャイン・ダルガルノ配列　82
自由エネルギー　26
終止コドン　80
修飾塩基　69
縦列反復配列　73
受動輸送　10
循環系　101
純系　60
消化　102
消化管　103
消化器系　102
松果体　112

小膠細胞→ミクログリア
脂溶性　10
常染色体　62
小　腸　103
小　脳　112
上　皮　97
上皮細胞　97
小胞体　9
静　脈　101
食作用　8
自律神経　112
自律神経系　109
G_1 期　63
真核細胞　3
心　筋　98
神経系　109
神経膠細胞→グリア細胞
神経終末　100
神経伝達物質　99
神経伝導　99
腎小体　107
親水性　14
腎　臓　107
伸長因子　82
浸透圧　5
深部感覚　115
親油性　14

す

水晶体　116
膵　臓　105
錐体外路系　111
水溶性　10
スクロース　13, 30
ステアリン酸　48
ステロイド　16
ステロイドホルモン　16
SNP（スニップ）　73
スプライシング　69, 78
スライディング説　99

せ

星状膠細胞→アストログリア
性染色体　62
生体高分子　17
生理活性アミン　51
生理食塩水　5
脊　髄　109
赤緑色覚異常　62
赤血球　101
Z 型（DNA の）　67
先行鎖　86
染色体　6, 60, 62

選択透過性　4
前頭葉　110
セントラルドグマ　72
セントロメア　62

そ

臓　器　96
挿　入　82
促進拡散　43
側頭葉　110
組　織　2, 96
疎水性　14
粗面小胞体　3, 9

た

体細胞分裂　61
代　謝　30
代謝調節　43
体循環　101
体性神経系　109
大　腸　103
大脳基底核　111
大脳辺縁系　111
対立形質　60
脱水素酵素　29
脱炭酸酵素　51
多糖類　13
胆汁酸　16
単純拡散　43
炭水化物　12
単糖類　13
タンパク質　17, 31, 80

ち

小さい溝　66
遅延鎖　86
チミン　19, 65
中　耳　117
中心体　3, 11
中枢神経系　109
中性脂肪　15
中　脳　109
聴覚器　115
跳躍伝導　100
直　腸　103

て

tRNA　6, 21, 69

DNA　6, 19, 65
DNA 鑑定　73
DNA ヘリカーゼ　86
DNA ポリメラーゼ　84
DNA リガーゼ　86
低分子干渉 RNA　71
2-デオキシ-D-リボース　19, 65
デオキシリボ核酸　6, 19, 65
テーラーメイド医療　74, 87
テロメア　62, 87
テロメラーゼ　87
転移 RNA　6, 21, 69
転移酵素　29
電子伝達系　7, 35, 37, 38, 39
転　写　21, 72, 76
点突然変異　82
デンプン　14, 30

と

糖　12
同　化　26
糖原性アミノ酸　53
糖　質　12, 30
糖質コルチコイド　44
糖新生　36, 42
等　張　5
頭頂葉　110
等電点　18
動　脈　101
独立の法則　61
突然変異　82
トリアシルグリセロール　16, 30
トリグリセリド→トリアシルグリセロール
トリプトファンオペロン　79
貪　食　8

な

内　耳　117
内分泌　113
内分泌系　113
ナトリウムポンプ　5
ナンセンス変異　82

に

ニコチンアミドアデニンジヌクレオチド
　　　　　　　　　　　　→ NADH
二次構造　18
二重らせん　66
二重らせん構造　21

索引

二糖類 13
二倍体 61
乳化 30
乳酸 34
乳酸アシドーシス 42
乳酸回路 42
乳酸デヒドロゲナーゼ 35
尿管 107
尿細管 107
尿素 51
尿素回路 50, 51
尿道 107
尿路系 107

ぬ〜の

ヌクレオシド 19, 64
ヌクレオソーム 6, 62
ヌクレオチド 19, 64

脳 109
脳回 110
脳幹 109
脳溝 110
能動輸送 10

は

肺 106
配偶子 61
肺呼吸 106
肺循環 101
ハイブリダイゼーション 66
白血球 101
パルミチン酸 47
パルミトイル CoA 47
半規管 117
伴性遺伝 62
半透膜 4
反復配列 73
半保存的複製 85

ひ

B型（DNAの） 67
PCR法 66
ヒストン 6, 62
ビタミン D 16
必須アミノ酸 17, 52
必須脂肪酸 15, 48
ヒドロキシメチルグルタリル CoA 47

泌尿器系 107
皮膚 115
P部位 81, 82
表現型 60
P450 9, 74
ピリドキサールリン酸 51
ピリミジン塩基 19, 65
微量塩基 69
ピルビン酸 34, 35

ふ

ファゴサイトーシス 8
フィードバック 113
副交感神経 110
複製 72, 84
複製開始点 85
複製フォーク 86
不死化 87
ブドウ糖→グルコース
不飽和脂肪酸 15, 48
プライマー 84
プライマーゼ 86
プラバスタチン 48
フラビンアデニンジヌクレオチド
　　　　　　　　　　→ FADH$_2$
プリン塩基 19, 65
フレームシフト変異 82
不連続複製 86
プロスタグランジン 48
プロセシング 77
プロテアーゼ 31
プロモーター 74
分泌顆粒 3, 8
分離の法則 61

へ

平滑筋 98
平衡器 115
ベクター 78
β酸化 46
βシート 18
ヘテロ核 RNA 69
ヘテロクロマチン 63
ヘテロ多糖 13
ペプシン 105
ペプチジルトランスフェラーゼ 83
ペプチダーゼ 31
ペプチド結合 17
変異 82
変性 21, 28, 66

ほ

膀胱 107
飽和脂肪酸 15, 48
補酵素 28
補酵素A 32
ホスホジエステル結合 65
骨 97
ホモ多糖 13
ポリ（A）構造 69
ポリ（A）鎖 78
ポリ（A）シグナル 78
ポリシストロニック 73
ポリヌクレオチド 21
ポリペプチド 17
ポリメラーゼ連鎖反応法 66
ホルモン 43, 113
ホロ酵素 28
翻訳 72, 81

ま

マイクロ RNA 71
マイクロサテライト 73
膜タンパク質 10
末梢神経系 109
マロニル CoA 48

み

味覚器 115
ミクログリア 99, 100
ミスセンス変異 82
ミトコンドリア 3, 7, 38
ミトコンドリア DNA 7
ミニサテライト 73
耳 117
味蕾 117, 118

む〜も

無髄神経 100
メッセンジャー RNA 21, 69
メンデルの法則 60
盲腸 103
網膜 116
モノシストロニック 73

ゆ，よ

融解　21, 66
有糸分裂　6
有髄神経　100
優性　60
優性の法則　60
融点　66
誘導　79
遊離因子　83
uSNP　74
ユークロマチン　63
UDP-グルコース　41

溶血　5
四次構造　18

ら〜ろ

ラギング鎖　86
ラクトース　13, 30
ラクトースオペロン　79

リソソーム　3, 7
リーディング鎖　86
リノール酸　48
α-リノレン酸　48

リパーゼ　30, 105
リプレッサー　79
リボ核酸　6, 19, 65
リボザイム　83
リボース　19, 65, 68
リボソーム　9, 70, 81
リボソームRNA　6, 21, 69
流動モザイクモデル　10
両性電解質　18
リン脂質　10, 15, 30
リンパ液　101
リンパ管系　101

劣性　60

六炭糖　13

第 1 版 第 1 刷 2011 年 3 月 23 日 発 行
第 4 刷 2015 年 12 月 25 日 発 行

プライマリー 薬学 シリーズ 4
薬学の基礎としての生物学

編 集　公益社団法人 日本薬学会
ⓒ 2011　発行者　小澤美奈子
発 行　株式会社 東京化学同人
東京都文京区千石 3 丁目36-7（℡112-0011）
電話　03-3946-5311 ・ FAX　03-3946-5317
URL：http://www.tkd-pbl.com/

印刷・製本　図書印刷株式会社

ISBN 978-4-8079-1655-9　Printed in Japan
無断転載および複製物（コピー，電子
データなど）の配布，配信を禁じます．

日本薬学会 編
プライマリー薬学シリーズ
全5巻6冊

B5判・2色刷（第1巻は1色）・各巻約150ページ

"スタンダード薬学シリーズ"の学習に必要な
薬学準備教育のための教科書シリーズ

1 薬学英語入門 CD付
本体価格 2800円＋税

編集担当：入江徹美・金子利雄・河野　円・Eric M. Skier
竹内典子・中村明弘・堀内正子

2 薬学の基礎としての 物理学

編集担当：小澤俊彦・鈴木　巌・須田晃治・山岡由美子

3 薬学の基礎としての 化学
Ⅰ．定量的取扱い
本体価格 2400円＋税

編集担当：小澤俊彦・鈴木　巌・須田晃治・山岡由美子

Ⅱ．有機化学
本体価格 2400円＋税

編集担当：石﨑　幸・伊藤　喬・原　博

4 薬学の基礎としての 生物学
本体価格 2400円＋税

編集担当：青木　隆・小宮山忠純・笹津備規

5 薬学の基礎としての 数学・統計学
本体価格 2400円＋税

編集担当：小澤俊彦・鈴木　巌・須田晃治・山岡由美子

プライマリーからスタンダードへランクアップ

2015年4月以降入学者用

スタンダード薬学シリーズⅡ 4
生物系薬学Ⅰ～Ⅲ

日本薬学会 編

B5判 2色刷

Ⅰ. 生命現象の基礎

本体価格 5200円

編集責任：奥 直人
編集担当：有賀寛芳・板部洋之・山元 弘

主要目次：Ⅰ. **細胞の構造と機能**（細胞膜／細胞小器官／細胞骨格）Ⅱ. **生命現象を担う分子**（脂質／糖質／アミノ酸／タンパク質／ヌクレオチドと核酸／ビタミン／微量元素／生体分子の定性，定量）Ⅲ. **生命活動を担うタンパク質**（タンパク質の構造と機能／タンパク質の成熟と分解／酵素／酵素以外のタンパク質）Ⅳ. **生命情報を担う遺伝子**（概論／遺伝情報を担う分子／遺伝子の複製／転写・翻訳の過程と調節／遺伝子の変異・修復／組換えDNA）Ⅴ. **生体エネルギーと生命活動を支える代謝系**（概論／ATPの産生と糖質代謝／脂質代謝／飢餓状態と飽食状態／その他の代謝系）Ⅵ. **細胞間コミュニケーションと細胞内情報伝達**（概論／細胞内情報伝達／細胞間コミュニケーション）Ⅶ. **細胞の分裂と死**（細胞分裂／細胞死／がん細胞）

Ⅱ. 人体の成り立ちと生体機能の調節

本体価格 4000円

編集責任：奥 直人
編集担当：有賀寛芳・板部洋之・栗原順一・洲崎悦子・山元 弘

主要目次：Ⅰ. **人体の成り立ち**（遺伝／発生／器官系概論／神経系／骨格系・筋肉系／皮膚／循環器系／呼吸器系／消化器系／泌尿器系／生殖器系／内分泌系／感覚器系／血液・造血器系）Ⅱ. **生体の機能調節**（神経による調節機構／ホルモン・内分泌系による調節機構／オータコイドによる調節機構／サイトカイン・増殖因子による調節機構／血圧の調節機構／血糖の調節機構／体液の調節／体温の調節／血液凝固・線溶系／性周期の調節）

Ⅲ. 生体防御と微生物

2016年3月刊

編集責任：奥 直人
編集担当：有賀寛芳・板部洋之・髙橋 悟・野口雅久・山元 弘

主要目次：Ⅰ. **身体をまもる**（生体防御反応／免疫を担当する組織・細胞／分子レベルで見た免疫の仕組み）Ⅱ. **免疫系の制御とその破綻・免疫系の応用**（免疫応答の制御と破綻／免疫反応の利用）Ⅲ. **微生物の基本**（総論／細菌／ウイルス／真菌・原虫・蠕虫／消毒と滅菌／検出方法）Ⅳ. **病原体としての微生物**（感染の成立と共生／代表的な病原体）

本体価格記載の書籍は既刊（2015年12月現在）

日本薬学会編

スタンダード薬学シリーズ（緑色のカバー）
2006～2014年入学者用

編集委員：総監修 市川 厚・工藤一郎
赤池昭紀・入江徹美・笹津備規・須田晃治
永沼 章・長野哲雄・原 博

1 ヒューマニズム・薬学入門　　　本体 4200 円
2 物理系薬学
　　Ⅰ．物質の物理的性質　第2版　本体 4400 円
　　Ⅱ．化学物質の分析　第3版　　本体 3600 円
　　Ⅲ．生体分子・化学物質の構造決定　本体 3400 円
　　Ⅳ．演 習 編　　　　　　　　　本体 4000 円
3 化学系薬学
　　Ⅰ．化学物質の性質と反応　第2版　本体 4900 円
　　Ⅱ．ターゲット分子の合成と生体分子・医薬品の化学
　　　　　　　　　　　　　　　　本体 3600 円
　　Ⅲ．自然が生み出す薬物　　　　本体 4200 円
　　Ⅳ．演 習 編　　　　　　　　　本体 3200 円
4 生物系薬学
　　Ⅰ．生命体の成り立ち　　　　　本体 4100 円
　　Ⅱ．生命をミクロに理解する　第2版　本体 5500 円
　　Ⅲ．生体防御　　　　　　　　　本体 3400 円
　　Ⅳ．演 習 編　　　　　　　　　本体 4200 円
5 健康と環境　第2版　　　　　　本体 6100 円
6 薬と疾病
　　ⅠA．薬の効くプロセス（1）薬理　第2版　本体 4200 円
　　ⅠB．薬の効くプロセス（2）薬剤　第2版　本体 3200 円
　　Ⅱ．薬物治療（1）　第2版　　　本体 5600 円
　　Ⅲ．薬物治療（2）および薬物治療に役立つ情報　第2版
　　　　　　　　　　　　　　　　本体 5100 円
7 製剤化のサイエンス　第2版　　本体 3200 円
8 医薬品の開発と生産　　　　　　本体 3400 円
9 薬学と社会　第3版　　　　　　本体 3600 円
10 実務実習事前学習
　　病院・薬局実習に行く前に　　　本体 5600 円
11 病院・薬局実務実習
　　Ⅰ．病院・薬局に共通な薬剤師業務　本体 5100 円
　　Ⅱ．病院・薬局それぞれに固有な薬剤師業務
　　　　　　　　　　　　　　　　本体 4800 円

スタンダード薬学シリーズⅡ（オレンジ色のカバー）
2015年4月以降入学者用
2013年改訂コアカリ対応

編集委員：総監修 市川 厚
赤池昭紀・伊藤 喬・入江徹美・太田 茂
奥 直人・鈴木 匡・中村明弘

1 薬学総論
　　Ⅰ．薬剤師としての基本事項　　本体 4800 円
　　Ⅱ．薬学と社会
2 物理系薬学
　　Ⅰ．物質の物理的性質　　　　　本体 4900 円
　　Ⅱ．化学物質の分析
　　Ⅲ．機器分析・構造決定
3 化学系薬学
　　Ⅰ．化学物質の性質と反応　　　本体 5600 円
　　Ⅱ．生体分子・医薬品の化学による理解
　　Ⅲ．自然が生み出す薬物
4 生物系薬学
　　Ⅰ．生命現象の基礎　　　　　　本体 5200 円
　　Ⅱ．人体の成り立ちと生体機能の調節
　　　　　　　　　　　　　　　　本体 4000 円
　　Ⅲ．生体防御と微生物
5 衛生薬学 ―健康と環境―
　　　　　　　　　　　　　　　　本体 6100 円
6 医療薬学
　　Ⅰ．薬の作用と体の変化および
　　　　薬理・病態・薬物治療（1）　本体 4100 円
　　Ⅱ．薬理・病態・薬物治療（2）
　　Ⅲ．薬理・病態・薬物治療（3）
　　Ⅳ．薬理・病態・薬物治療（4）
　　Ⅴ．薬物治療に役立つ情報
　　Ⅵ．薬の生体内運命
　　Ⅶ．製剤化のサイエンス
7 臨床薬学　日本薬学会,日本薬剤師会
　　　　　　日本病院薬剤師会,日本医療薬学会 共編
　　Ⅰ．薬学臨床の基礎および
　　　　処方箋に基づく調剤
　　Ⅱ．薬物療法の実践
　　Ⅲ．チーム医療および
　　　　地域の保健・医療・福祉への参画
8 薬学研究

本体価格記載の書籍は既刊（2015年12月現在）